地球上的每个生命，生而荣耀。

小朋友们好！生命很美妙，《昆虫记》的作者法布尔，从3岁就开始观察自然并终成大师。其实我们每个人天生就具有好奇心，越早接触大自然就会越对生命科学感兴趣。让我们一起努力，让生命科学更早流行起来吧！

——你们的大朋友　**尹　哥**

特约作者

尹　烨

华大集团 CEO，哥本哈根大学生物学博士，基因组学研究员，科普作家。曾主持、参与近百个国际基因组合作项目，长期致力于科普事业。已出版《了不起的基因》、《生命密码》系列、《趣解生命密码系列》作品。

大演化

EVOLUTION

38亿年地球生命奇迹

LIFE MIRACLES ON EARTH IN 3.8 BILLION YEARS

尹烨◎著　米莱童书◎编绘

北京理工大学出版社
BEIJING INSTITUTE OF TECHNOLOGY PRESS

序

PREFACE

生命如此美妙，我们却知之甚少。

1943年，物理学家薛定谔发表了著名的系列演讲——“生命是什么？”。80年过去了，我们依然不能对生命这个概念给出准确定义。但我想大家都会同意的一句话是：生命是一个奇迹。

无论您是小朋友还是大朋友，能读懂并共情上面这句话，说明我们同属于人类，那更是奇迹中的奇迹。

奇迹不是神迹。有如薛定谔演讲中的这句“虽然此刻的物理和化学尚不能解释生命现象，但这绝不意味着生命现象不能用物理和化学来解释”。我也始终认为：如果物理学是对的，那生命的产生就是必然。同理，如果遵循同一套物理定律的宇宙中有大量的类地行星，而存在时间又足够长的话，我们就可以相信，这个宇宙中的生命，起码是低等生命，应该是广泛存在的。

为什么要强调是低等生命呢？这是因为高等生命的产生需要的时间更长，条件更苛刻。读过此书你会明白，已知的全球大灭绝现象就出现过5次，而曾出现的绝大部分物种都已经灭绝了，我们熟悉的哺乳动物是在恐龙退出历史舞台后才有了今天的地位，而作为哺乳动物中最高智能群组的灵长目人科，或者说人类的先祖们，也是经过了数百万年的奋斗才有了如今的成就……您现在更能理解，我刚才提到的“人类是奇迹中的奇迹”了吧？

回顾生命史，始终是智能而不是具体一个物种担任主角，人类正是有了高等智能，才开始逐步主宰地球，传递文明，掌握科技，并学会发问和回答。比如这本书想讲述的核心观点，就是想聊聊生命为什么了不起，又是如何在自然中起源的。就让我们用最熟悉的地球上的生命举例（至少此刻我不敢保证其他地外生命也是如此）。

生命现象向下分解就到了化学，化学现象向下分解就到了物理，所以我们会看到：

无论是一个人，还是一棵树，我们都是由细胞构成的；

而无论多高等的生命，其开始也仅是一个细胞；

而每一个细胞，又都是由一系列有机或无机的分子构成的；

而这些分子无论大小，又都是由诸如碳、氢、氧、氮、磷、硫等元素构成的；

而让这些元素形成的基本粒子，则是从宇宙大爆炸当中诞生的。

讲到宇宙大爆炸，那可是138亿年前的事。为了便于大家理解生命史的演进顺序，我们就把这138亿年浓缩成一年来看吧！在这样的一年里，每一个月相当于11.5亿年，而每一天则相当于3780万年，每一小时相当于157.5万年，每一分钟相当于2.625万年，甚至每一秒都相当于437.5年。

如果对这一年记录大事记，那应该是这样的：

1月1日，元旦这一天，发生了大爆炸，我们所在的宇宙诞生；

5月1日，国际劳动节这一天，银河系诞生；

9月9日，华大成立的这一天，太阳系诞生；

9月14日，世界清洁地球日这一天，地球终于诞生了；

9月25日前后，地球出现了第一个生命；

11月1日，地球出现了微生物；

11 月 15 日，地球出现了真核生物（比如酵母）；

12 月 14 日，地球出现了多细胞生物；

12 月 17 日，地球迎来了寒武纪大爆发；

12 月 24 日，恐龙诞生，在几天后灭绝；

12 月 29 日，灵长类动物出现；

12 月 31 日 22：30，人类祖先出现；

12 月 31 日 23：00，也即这一年的最后一小时，人类进入了石器时代；

12 月 31 日 23：59：08，也即这一年的最后一分钟，人类进入了陶器时代；

12 月 31 日 23：59：59，也即这一年的最后一秒，第一次工业革命开始；

也就是说，我们目前也都还停留在这最后的一秒钟，即从工业革命到现在的 250 年的时间里。

你可以再算一下，人类的一生，比如 80 岁，只相当于 0.2 秒，在现实生活中，差不多就是你看完这句话的时间。

但人类的了不起，就在于用这仅仅的人均 0.2 秒，却逐步理解了之前 1 年发生的各种事情，并努力探求着宇宙的建构、生命的起源和意识的诞生。

也正如古希腊时代的哲学三问：我是谁？我从哪里来？我到哪里去？如今最热的科学三问则变成：宇宙是如何起源的？生命是如何起源的？意识是如何起源的？

这三个问题的答案，在今日已或多或少初露端倪，然而远未确定，也正有待于这本书的读者们去接力解决。抑或，终极的答案永远都不存在，但每一代都会站在上一代的肩膀上看得更远。我也坚信，在探求生命终极问题的过程中，人类最终会得到自身的救赎：见天地，爱众生，悟自己。

1543 年，当哥白尼《天球运行论》出版之际，人类已经知道地球不是宇宙的几何中心，但这并不妨碍让我们共同努力，让地球成为宇宙的精神中心。

生命最大的奇迹莫过于克服了死亡、穷其解数让基因传递并逐步挣脱了时空的束缚；而人类最大的奇迹则莫过于将文明传承、想尽办法让文脉传递并渐渐摆脱了无知的蒙蔽。有一天，当您走上科学道路之后，相信也会有此感觉：人类的幸福之源恰恰在于有一种动力让我们始终去追寻那个永远无法达到的目标。那句话怎么说的来着：黑夜给了我们黑色的眼睛，我们却要用它去寻找光明！

且向生命致敬吧，我们注定生而荣耀！

华大集团 CEO，科普作家

目录 CONTENTS

第一篇章
《生命的起源》

第二篇章
《热闹的海洋》

第三篇章
《向陆地进军》

第四篇章
《水陆竞自由》

第五篇章
《跨界海陆空》

第六篇章

向空中奋进

第七篇章

美丽新世界

第八篇章

走向新纪元

第九篇章

科技创未来

生命的起源

138 亿年前，宇宙形成。
46 亿年前，四处奔腾着炽热岩浆的
地球在宇宙的角落诞生。
38 亿年前，地球上出现了生命的痕迹，
这是地球万物的开端。
所有的故事都有源头，
而生命的故事，要从这里说起。

生命的开始

地球诞生之初，瓢泼大雨下了很久很久，一片浩瀚的原始海洋逐渐形成。各种有机分子之间的化学反应，在这片海洋中施展起“魔法”，渐渐地，有一些东西似乎变得跟以前不太一样了……

很快，一种关键的物质出现了，它的名字叫脱氧核糖核酸，也许你更熟悉它的另一个名字——DNA。

另一种核酸分子称核糖核酸，即 RNA，可能起源比 DNA 更早。

DNA 看起来像一个盘旋的拉链，A、C、G、T 四种碱基两两结合，组成无数碱基对，像链齿一样，紧紧咬合在一起，排列成无数可识别的碱基序列。如果其中任何一个碱基对发生任何一点细微的变化，一切就有可能变成另一种截然不同的模样。毫不夸张地说，这些碱基序列在很大程度上塑造了今天的世界，包括你和我，它们有一个共同的名字——基因。
随着 DNA 的出现，一个看不见的开关被按下，生命的大幕徐徐拉开，一段伟大的传奇即将上演。

生命的基本组成

原始海洋中剧烈的化学反应并没有因为 DNA 的出现而停止，变化还在发生。
一层薄薄的膜在 DNA 周围悄然形成，依靠这层薄膜，它们完成了华丽的转身，摇身一变，成了地球上第一批细胞。从地球诞生到现在，这个星球上出现过无数种生命，它们看起来千差万别，却几乎都由细胞构成。

第一个细胞是怎么形成的？

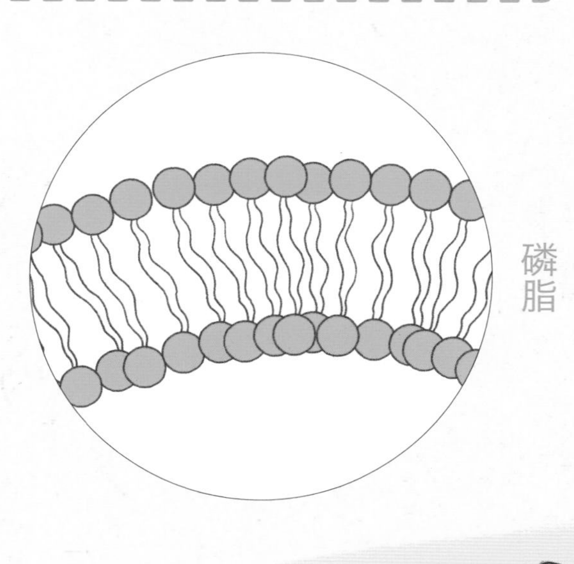

脂膜的产生对细胞的形成而言，意义非凡。一种叫作磷脂的简单分子在这个过程中扮演了重要角色。这是一种长着长长的尾巴，看起来很像蝌蚪的分子，当它们尾尾相对，紧密排列在一起时，一层脂膜就形成了。这是一种矛盾的结构，它只是蜘蛛丝粗细的几百分之一，却又强韧到足以保护膜内的东西。这也是一种神奇的结构，它隔开了生命物质和非生命物质，让生命的产生成为可能。

细胞的繁衍方式

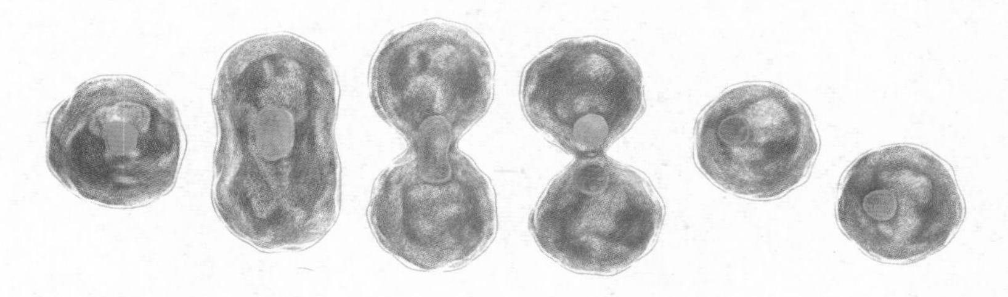

细胞分裂的过程

原始细胞形成后，很快通过自我复制和分裂开始繁衍。它首先复制自己的遗传物质，以保证遗传的稳定性和连续性，然后通过分裂的方式，一变二，二变四，四变八……这种原始细胞所选择的繁衍方式，至今依旧被一部分生物所继承。

细胞由什么组成？

细胞由水、蛋白质、脂类、糖类、无机物等很多物质组成。每种物质在细胞中所占的比例不同，但每一种物质对于细胞的形成都功不可没，缺少其中任何一种，都无法组成一个真正的细胞。

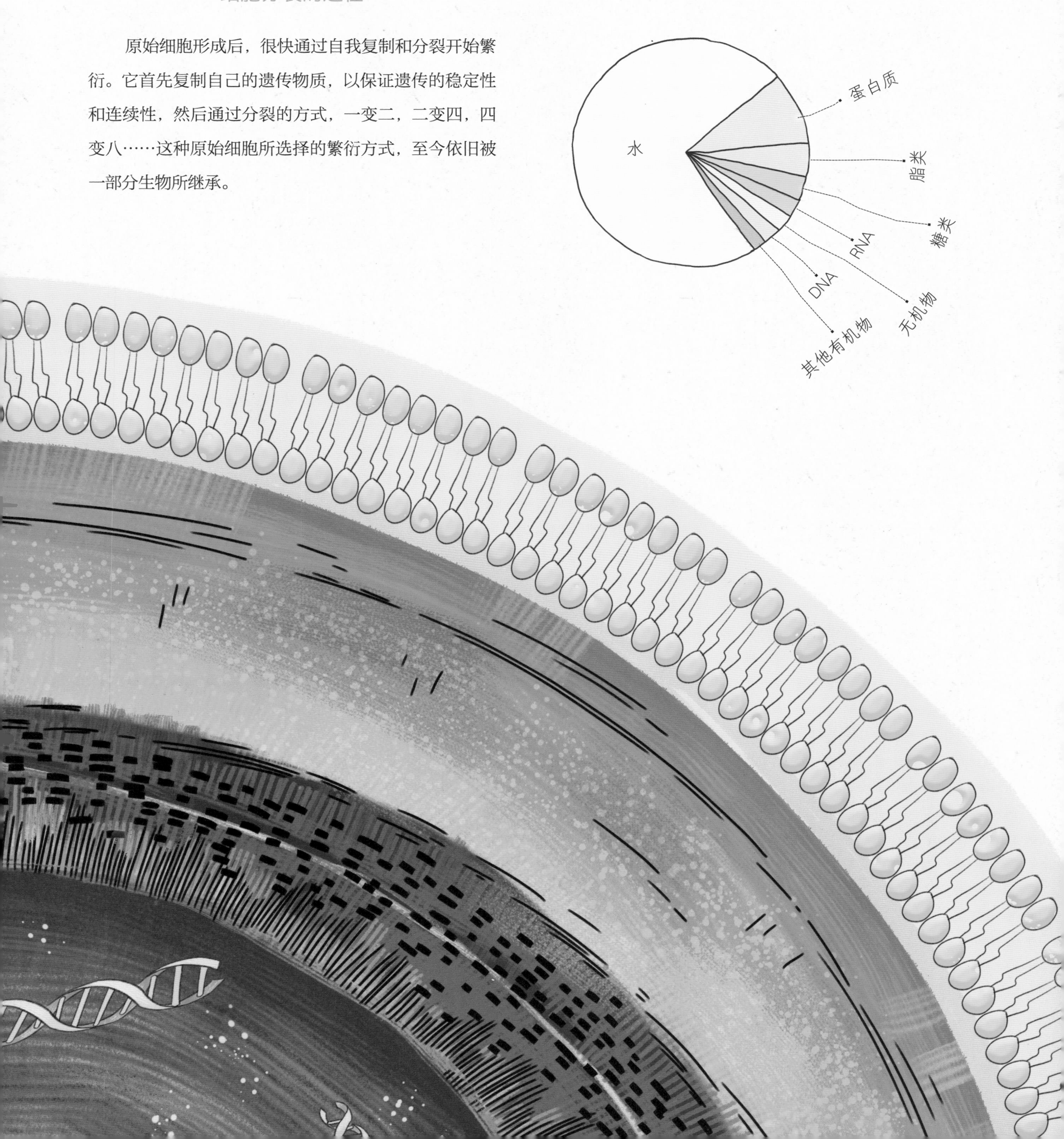

原核生物诞生

在大约 36 亿 ~38 亿年前，随着第一个细胞的形成，地球上最早的生物——原核生物诞生了，生命正式来到地球。但那时，这种简单的生物并没有意识到自己在生命演化史上写下了多么重要的一笔。

早期的生命——细菌

细菌是原核生物，也是地球上早期的生命。它们体型很小，长度通常只有几微米，有的甚至不足 1 微米，是头发丝粗细的几十分之一，但它们家族庞大，模样千奇百怪，有的像皮球，有的像棍子，有的像虫子。根据这种外形特点，它们分别得到了自己的名字——球菌、杆菌和螺旋菌。

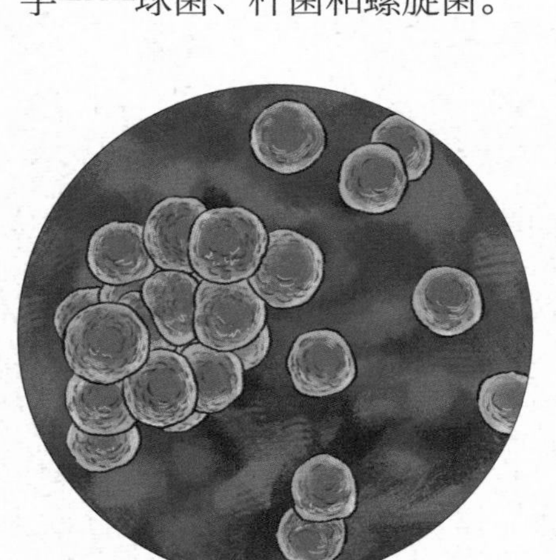

球菌

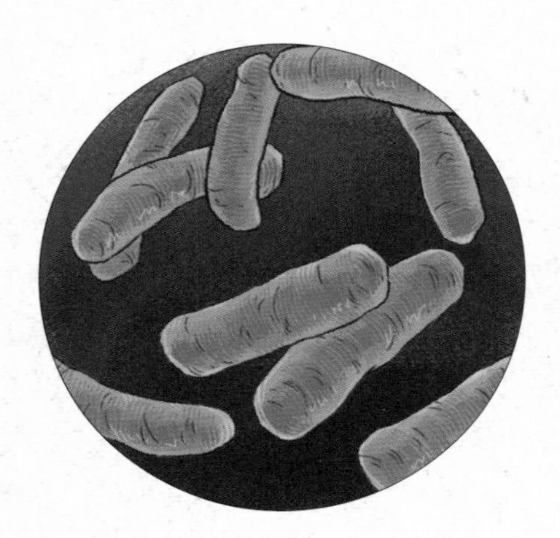

杆菌

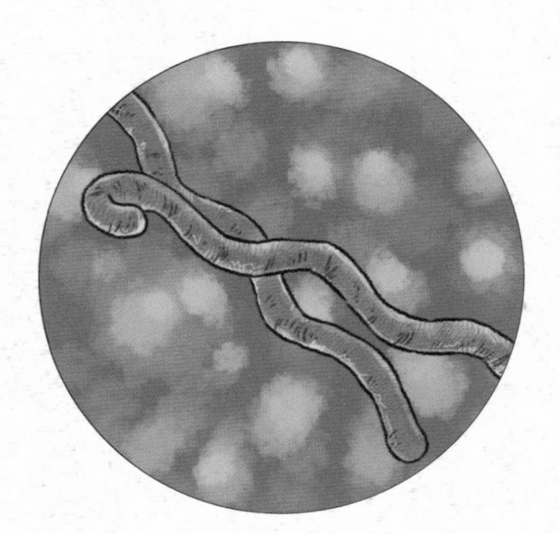

螺旋菌

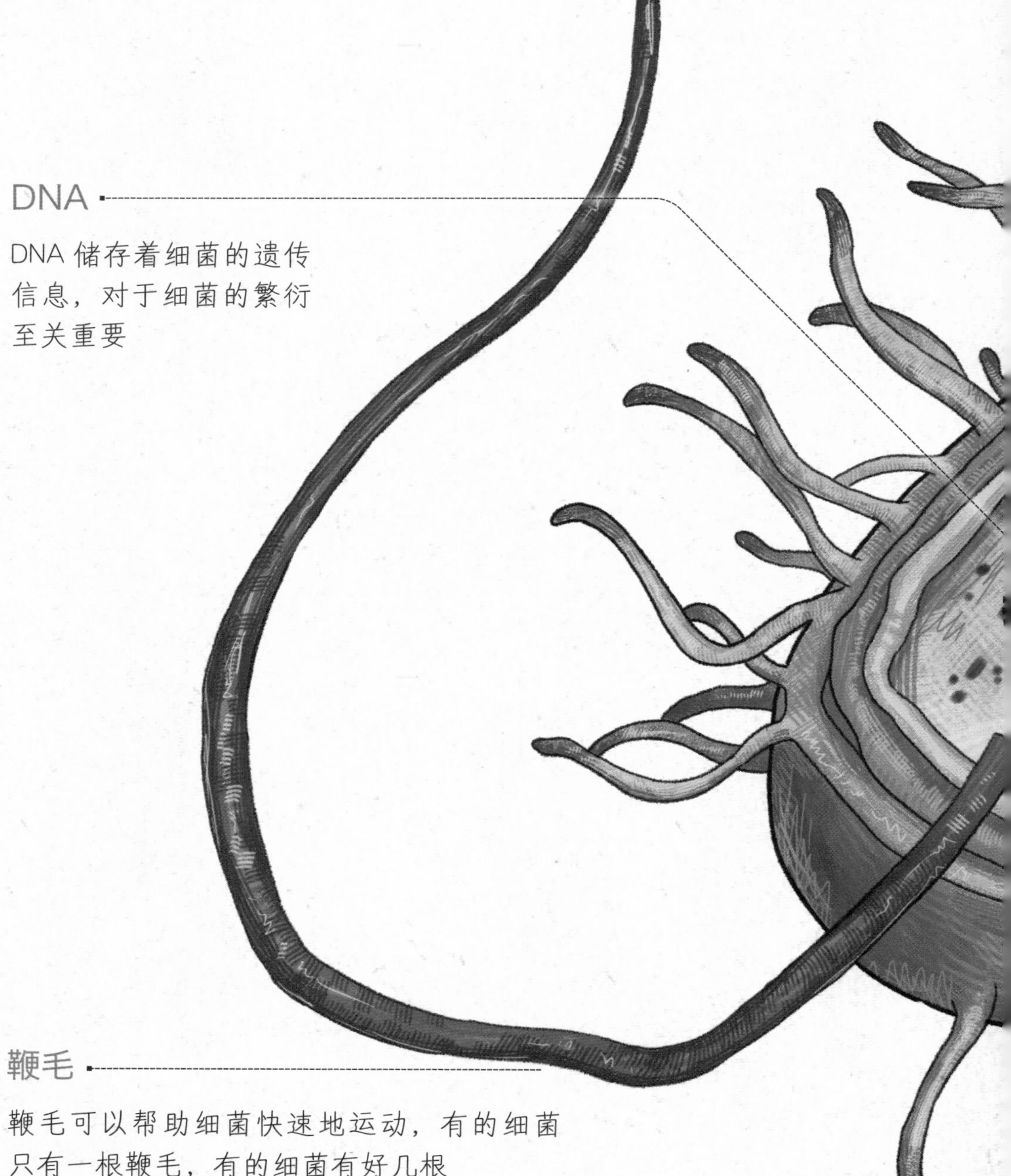

细菌的身体构造

所有的原核生物都是单细胞生物，细菌也不例外，它们的身体构造其实就是原始细胞的构造，繁殖方式也与细胞相似。虽然它们不像动物那样具有“五脏六腑”，但也有自己特殊的“器官细胞器”。

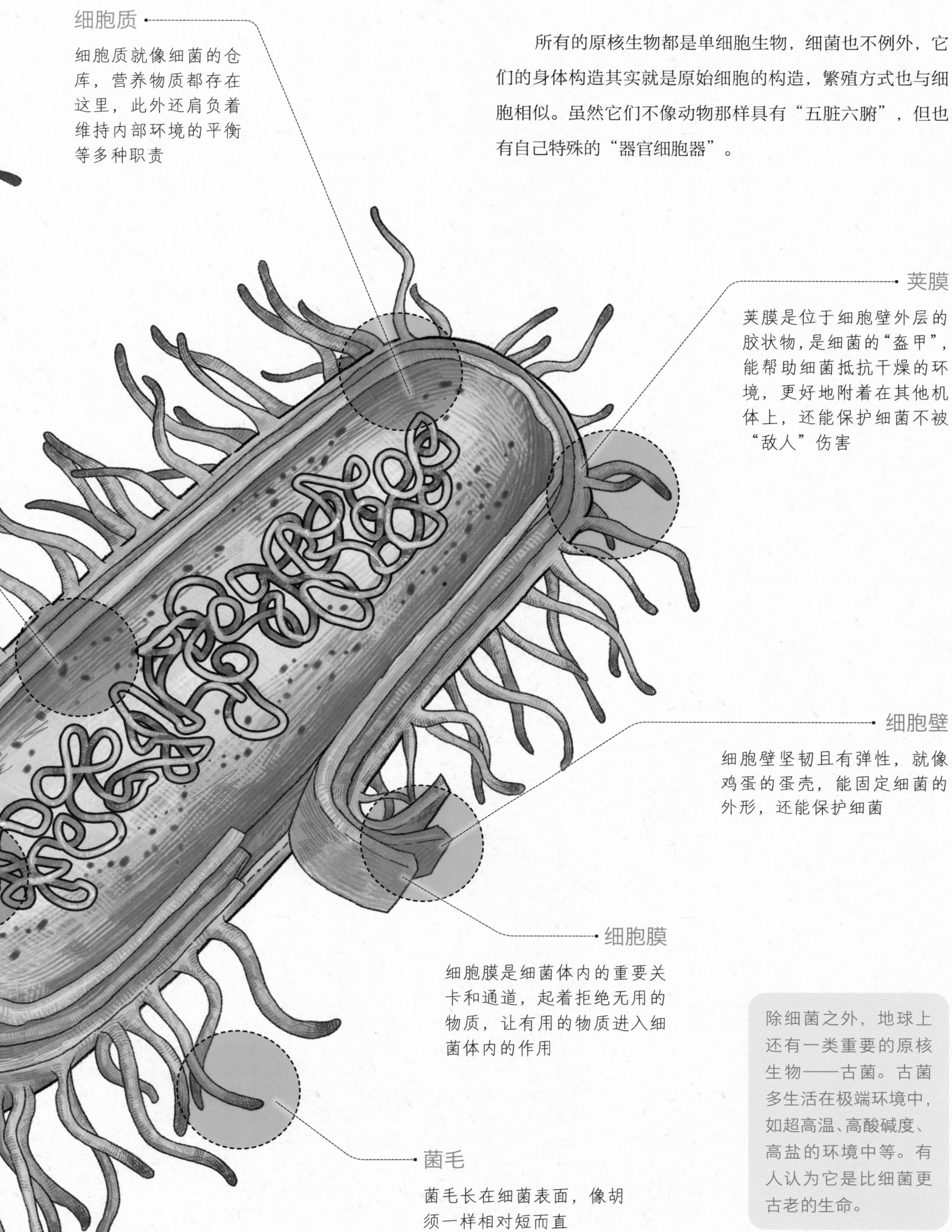

除细菌之外，地球上还有一类重要的原核生物——古菌。古菌多生活在极端环境中，如超高温、高酸碱度、高盐的环境中等。有人认为它是比细菌更古老的生命。

最早的生产者——蓝细菌

细胞壁
细胞膜
细胞质
拟核（DNA）
核糖体

蓝细菌原核细胞结构

蓝细菌是地球上较早出现的生物之一，在几十亿年前，凭着一己之力改变了地球大气的成分。那时，地球大气的主要成分是二氧化碳，蓝细菌在阳光的帮助下，以二氧化碳和水为原料生成有机物“养活”自己，同时在这个过程中产出一种“副产品”——氧气。蓝细菌体形渺小，但族群庞大，氧气的产量极为可观。久而久之，氧气最终取代二氧化碳，成为地球大气的主要成分。这对地球生命的演化产生了直接而重大的影响。

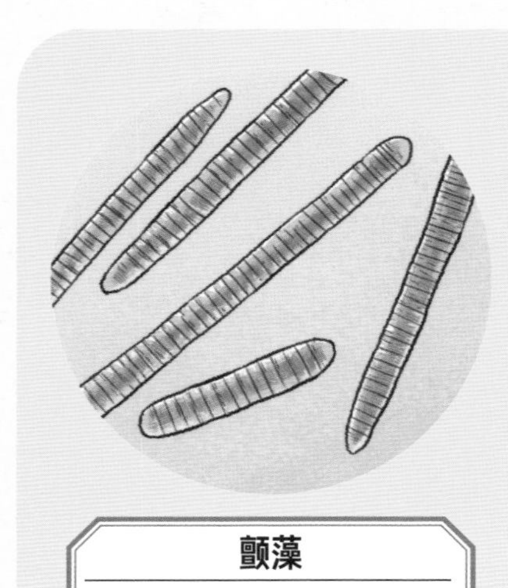

颤藻	
出现时间	约 35 亿年前
地质年代	太古宙中期
基因组大小	7.672Mb
体型大小	细胞长 2.5~8 微米

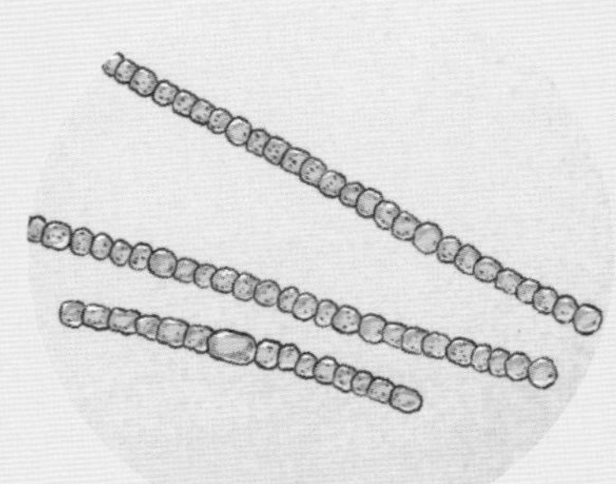

念珠藻	
出现时间	约 35 亿年前
地质年代	太古宙中期
基因组大小	9.359Mb
体型大小	细胞直径 4.5~6 微米

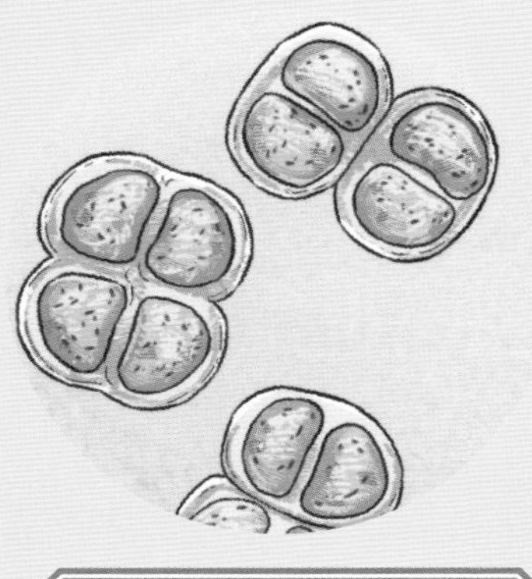

蓝球藻	
出现时间	约 35 亿年前
地质年代	太古宙中期
基因组大小	5.295Mb
体型大小	细胞直径 2~90 微米

* 任何生命个体都有自己的基因组。基因组的大小指的就是碱基对的多少。由于数量太多，所以碱基对通常以“百万”计，其单位写成 Mb。基因组的大小与生物体的复杂程度之间并没有必然的联系，而且只有如今还存在的生物我们才有可能得到它们的基因组数据。

生命的足迹——叠层石

叠层石是一种分层的小丘状沉积物，它们的形成主要得益于蓝细菌等微生物。细菌生活在海边的岩石上，当海浪带着各种沉积物冲刷岩石时，菌群分泌的大量胶状物质会将沉积物黏住。这个过程持续不断地进行，菌体和沉淀物一层层地叠加，就形成了叠层石。所以，叠层石记录着早期生命的故事，通过它，我们可以了解地球最初的生命。

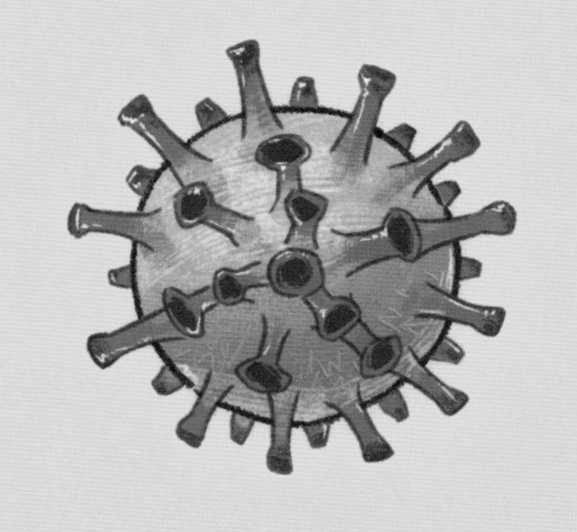

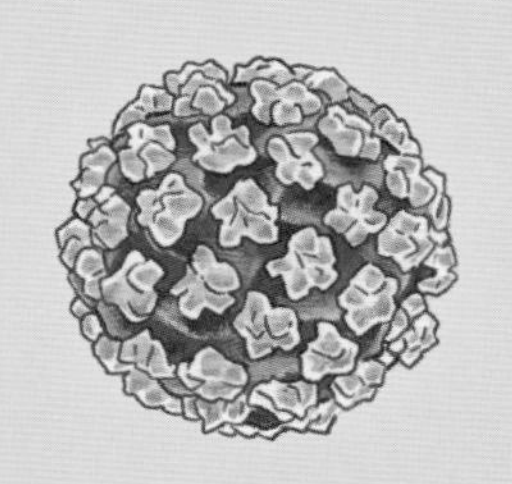

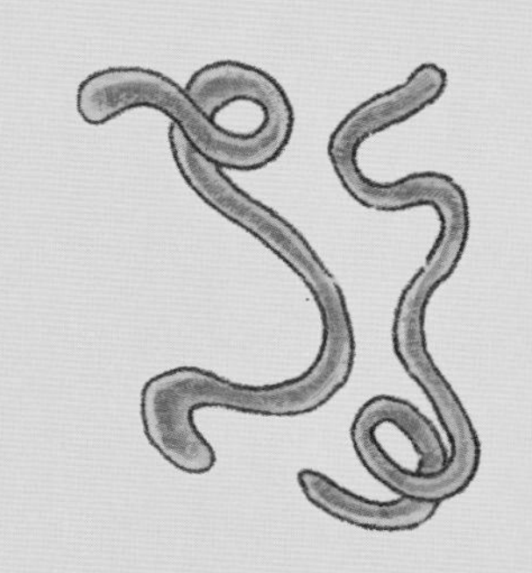

超级杀手——病毒

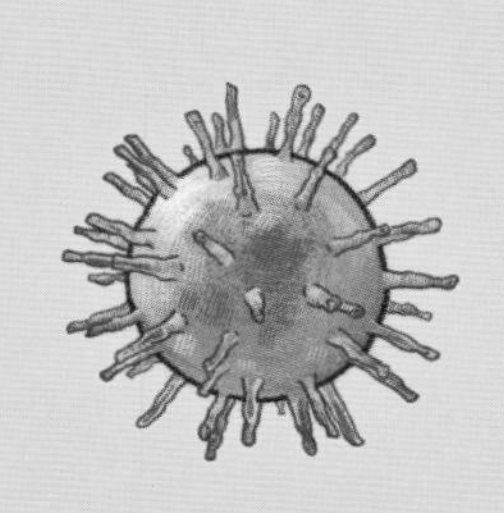

细胞是地球上主要的生命形式，却不是唯一的生命形式。一个超级强者以不甘示弱的姿态在几十亿年前与细胞一起“现身”地球，它就是病毒。病毒的样子千姿百态，但都比细菌小得多，大小约18~450 纳米，只能寄生在细胞内。在我们看不见的世界里，病毒就像一个训练有素的杀手，目标清晰而专一——寻找并入侵细胞。通过高明的伪装，它偷偷潜入细胞内，然后凭借强大的复制能力，在细胞内孕育出一支庞大的病毒军团，从内部将细胞瓦解。接着这支大军中的每一个病毒再重复这个过程，攻克周围的细胞……这是病毒给生物制造麻烦惯用的伎俩。

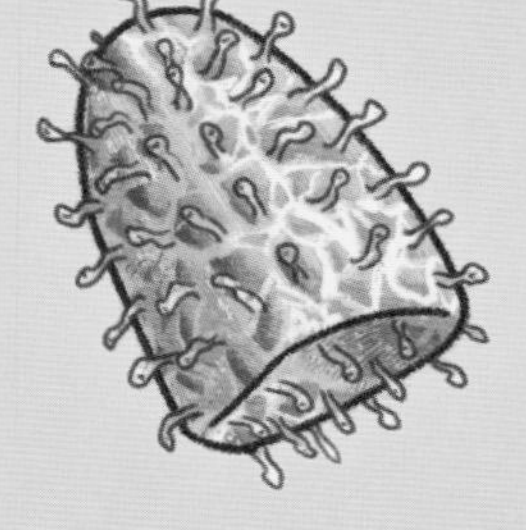

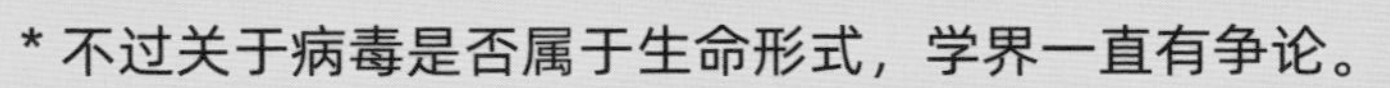

*** 不过关于病毒是否属于生命形式，学界一直有争论。**

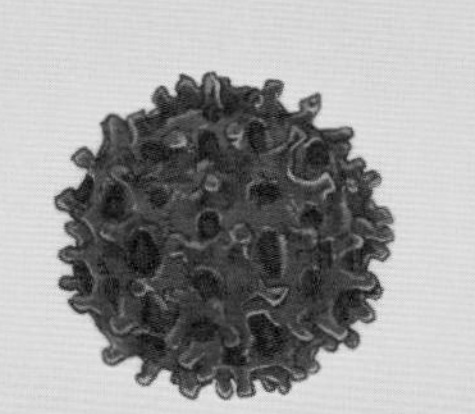

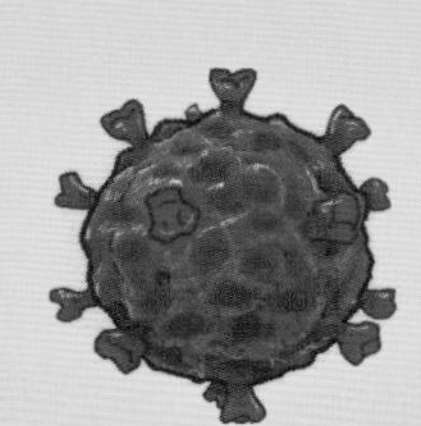

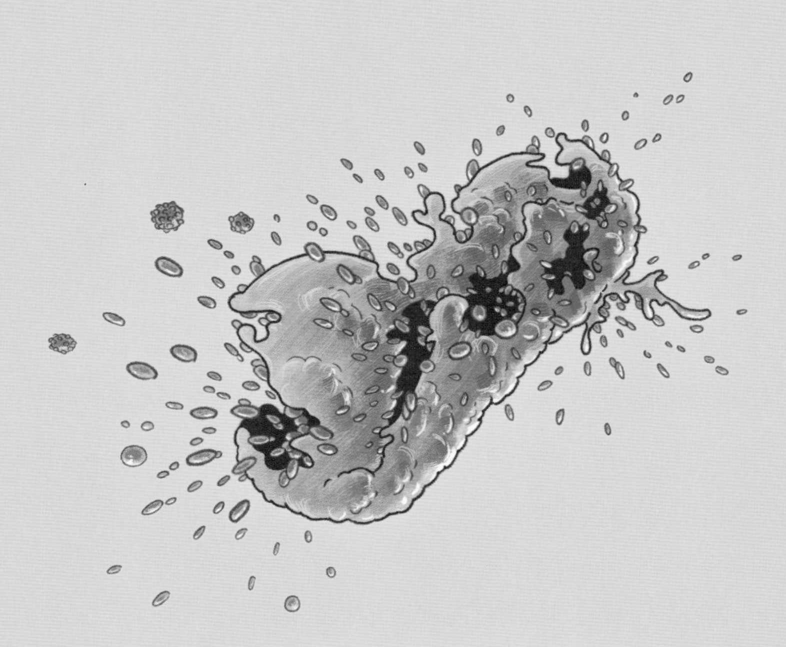

被病毒“瓦解”的细胞

真核单细胞生物来了

时间的巨轮一刻也不停地向前飞奔，生命乘着时间之轮缓慢而持续地演化着。昼夜交替，日月变迁，原核细胞用将近 20 亿年的时间进行了一些微小而伟大的演化，这些演化为地球带来了一类重要的生物——真核单细胞生物。

真核单细胞生物依然生活在海洋中，它们仅仅由一个真核细胞构成，却是生命演化史上不可忽视的重要角色。自从它们诞生之后，生命的演化像被按下了快进键，开始了飞速发展。

真核单细胞生物是怎么来的?

最初，细胞中的DNA是裸露的，没有膜包裹着。这些细胞是原核细胞，由它们构成的生物被称为原核生物。后来，一些原核细胞的细胞膜向内凹陷，逐渐将体内的遗传物质包裹起来，形成核膜，原始真核细胞就这样诞生了。

时间来到18亿年前的某一天，一个原核细胞被一个“贪吃”的原始真核细胞吞进了“肚子”里，而它居然逃过了被消化的命运，成了生活在细胞内的细胞，一方面依赖吞噬者而活，一方面又为吞噬者提供能量。久而久之，它们逐渐融为一体，被吞掉的细胞演变成了吞噬者体内的一种重要细胞器——线粒体。

接着，一些有了线粒体的真核细胞又吞进了能进行光合作用的蓝细菌，蓝细菌也在细胞体内存活了下来，逐渐演变成了一种注定会改变地球环境的细胞器——叶绿体。当然，除了这两个最重要的事件，真核细胞的身上还发生了很多事情。经过这一系列演化，最终，由真核细胞构成的真核生物出现了。

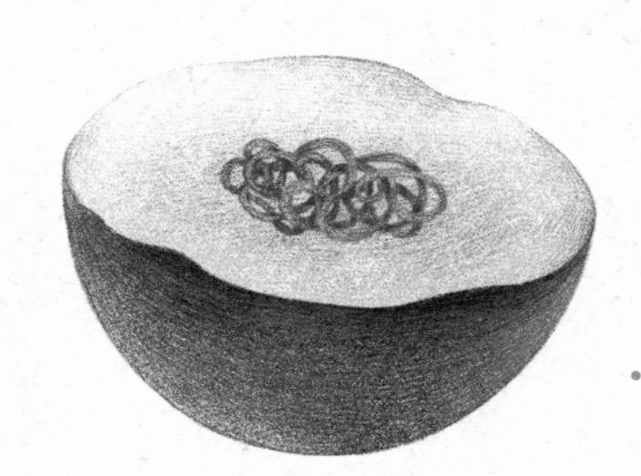

原核细胞

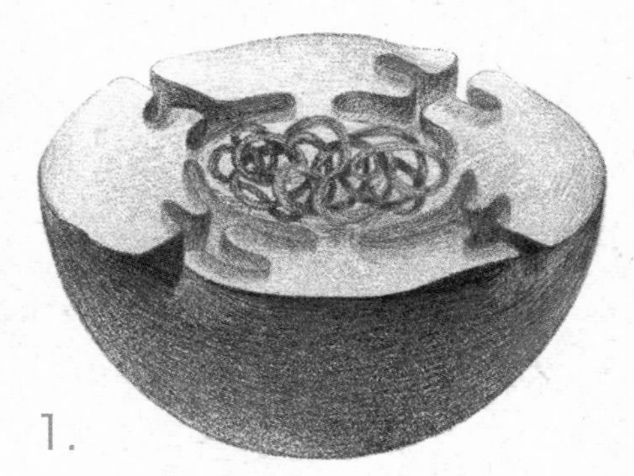

1.

原核细胞的细胞膜内陷形成膜结构

2.

核膜形成，将遗传物质包裹起来，形成原始真核细胞

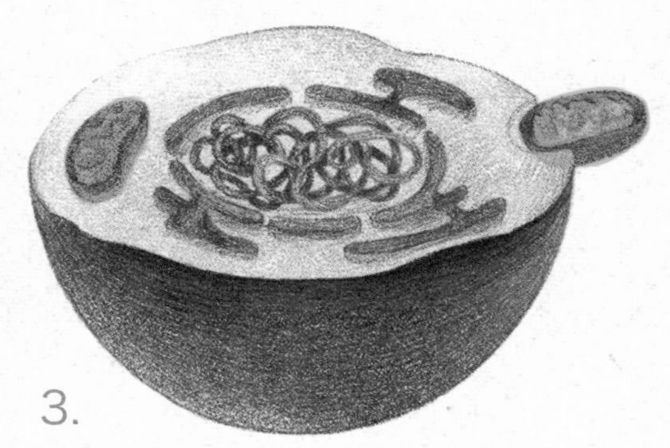

3.

一种需氧的原核细胞进入真核细胞，成为生活在细胞内的细胞

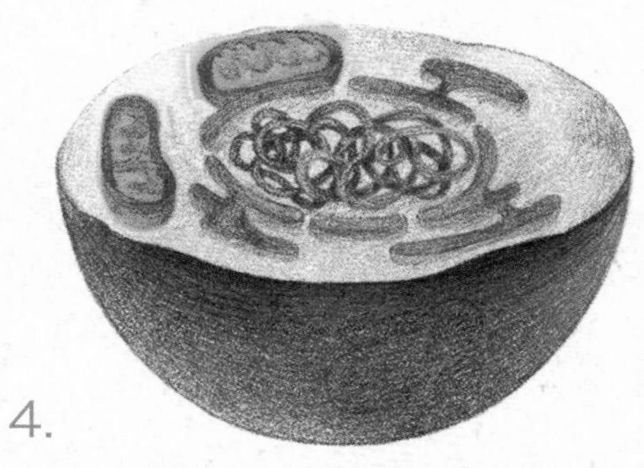

4.

进入真核细胞的原核细胞逐渐演变成线粒体

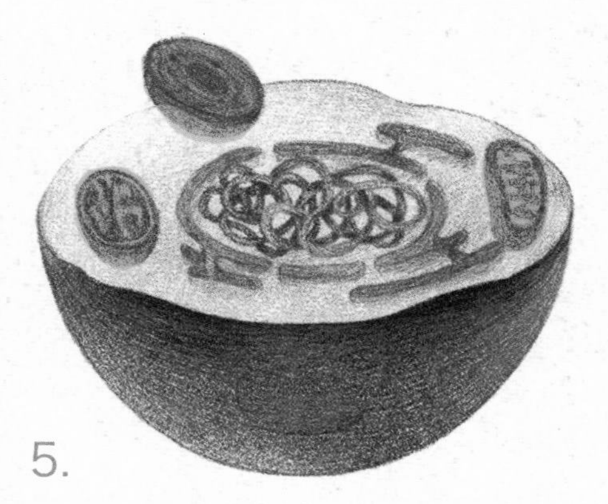

5.

一些有了线粒体的真核细胞又吞进了蓝细菌

6.

蓝细菌在真核细胞体内演变成叶绿体。这类真核细胞成为植物的祖先

常见的真核单细胞生物

真核细胞形成后，拥有叶绿体的真核细胞逐渐发展成原始的藻类，一些没有叶绿体的真核细胞演变成以藻类或其他生物为食的原生动物。从此，植物和动物各奔前程，走上了不同的演化之路。

原始植物——藻类

藻类植物是地球上所有植物的祖先，最初的藻类都是单细胞生物，它们用自己微小的身体在地球上铿锵有力地写下了植物界的开篇之作。

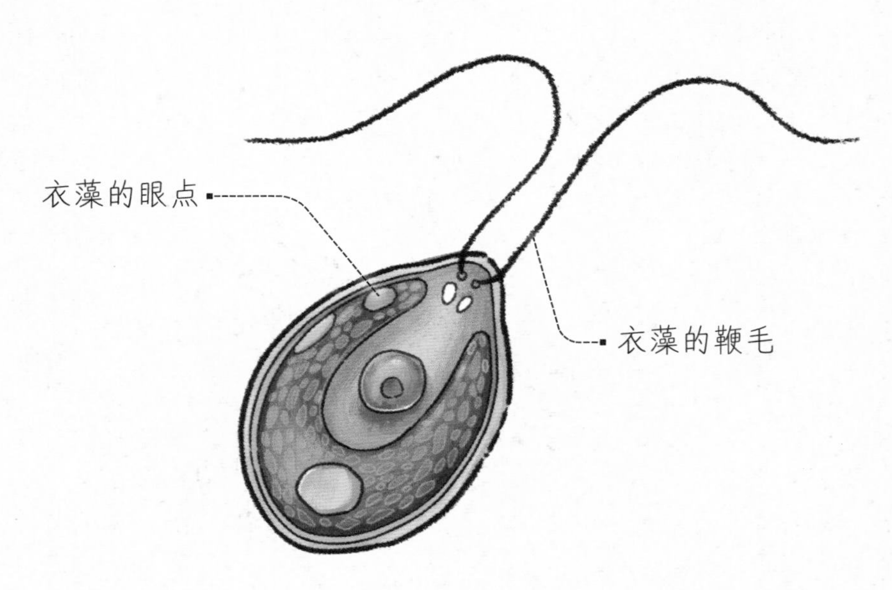

衣藻通常生活在淡水池塘中，能够自主积极地运动，有两条长长的鞭毛，运动的时候主要依靠这两条鞭毛。除了鞭毛，大多数衣藻还有亮红色的眼点，这是它们的感觉器官，能帮助它们找到有利于进行光合作用的地方。

衣藻	
出现时间	约 10 亿年前
地质年代	元古宙中期
基因组大小	130Mb
体型大小	体长 5~20 微米

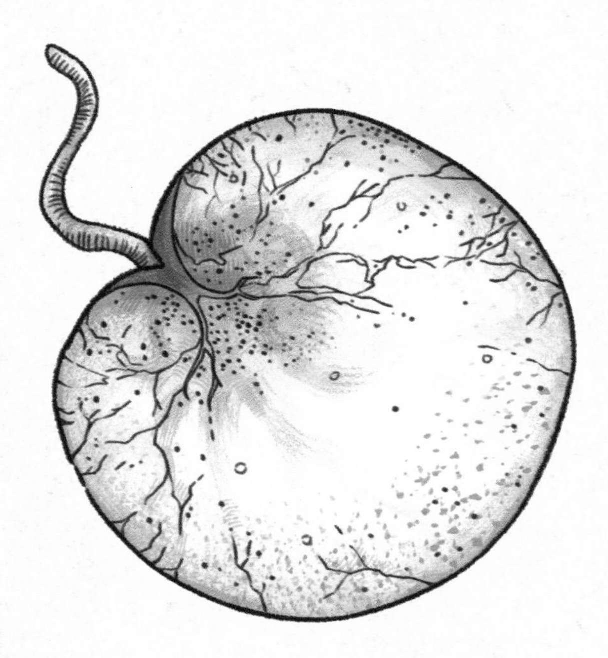

甲藻一般生活在海里，它有一种神奇的本领——会发光。当细胞受到刺激时，甲藻会发出蓝绿色、持续 0.1 秒的闪光，它们聚在一起，会把海面照亮，远远看起来好像海面着火了一样。

甲藻	
出现时间	约 3 亿年前
地质年代	石炭纪晚期
基因组大小	1180Mb
体型大小	大小通常为 20~200 微米

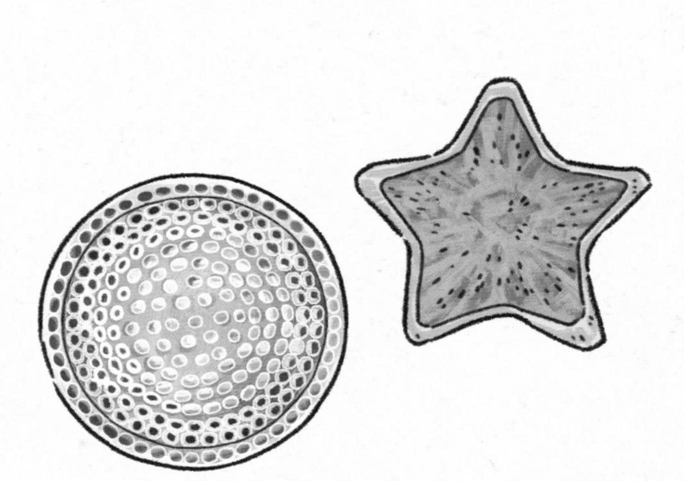

硅藻由上下两片壳套合而成，仿佛一个由盒盖与盒体组成的盒子，而“盒子”的外形千姿百态，上面还有各种漂亮的图案。它们的外壳非常坚硬，简直“刀枪不入”。

硅藻	
出现时间	约 2 亿年前
地质年代	侏罗纪早期
基因组大小	40.48Mb（菱形藻）
体型大小	大小通常为 8~80 微米

典型的原生动物

原生动物是最原始、最简单的动物，和原始藻类一样，它们的身体由单个细胞构成，为了区别于后来的多细胞动物，人们给它们起了“原生动物”这个名字。作为一个动物体来讲，原生动物无疑是最简单的，但作为一个细胞来讲，原生动物却是最复杂的。

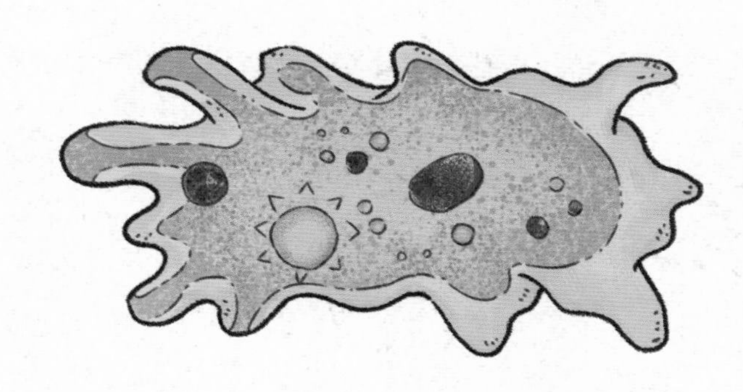

变形虫可以随时发生变化，没有固定形状。在运动的时候，变形虫可以从身体的各个方向伸出像脚一样的伪足；捕食的时候，它会先伸出伪足在猎物周围形成一个包围圈，然后慢慢靠近猎物，直到完全将猎物吞掉。

变形虫	
出现时间	约 7.1 亿年前
地质年代	元古宙晚期
基因组大小	27.61Mb（食脑变形虫）
体型大小	体长 0.45~0.6 毫米

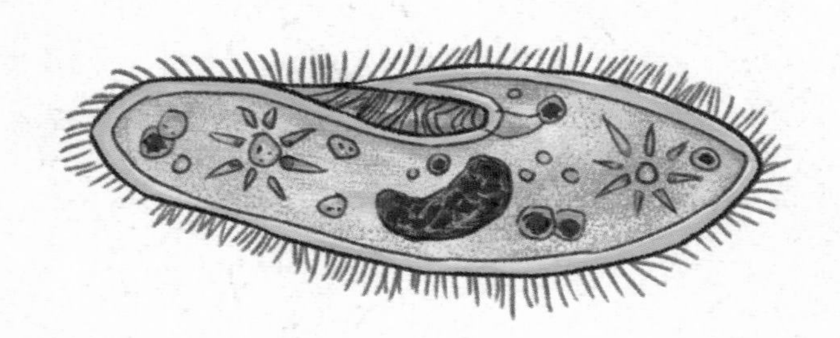

草履虫的形状很像一只倒过来的草鞋，个头比其他原生动物要大，是一种可以用肉眼看到的原生动物。

草履虫	
出现时间	未知
地质年代	未知
基因组大小	76.9631Mb（双核小草履虫）
体型大小	体长 0.17~0.31 毫米

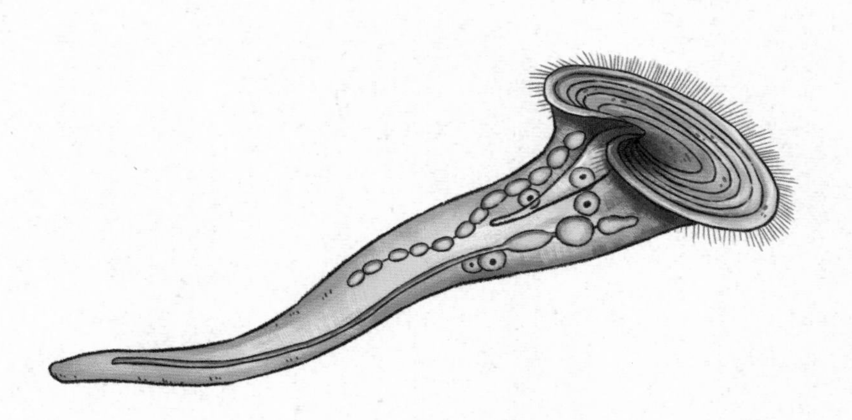

喇叭虫的外形像喇叭，是最大的单细胞生物之一，最大可以达 4 毫米，肉眼可见。它具有非常强的再生能力，如果把一只喇叭虫切成多份，每一份都有可能长成完整的喇叭虫。

喇叭虫	
出现时间	未知
地质年代	未知
基因组大小	77.83Mb（天蓝喇叭虫）
体型大小	体长 1~2 毫米

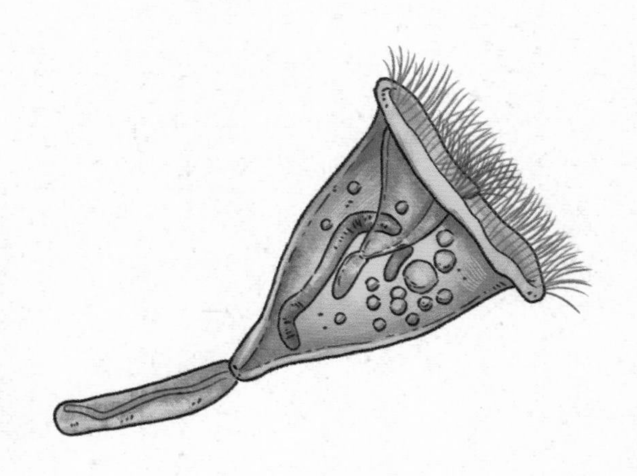

钟形虫因为外形像钟而得名，它的钟口朝上，钟口边长着一圈纤毛，下方有一根能伸能缩的钟柄。

钟形虫	
出现时间	未知
地质年代	未知
基因组大小	未知
体型大小	体长 0.4~1 毫米

海带

海带是古老的多细胞藻类之一，一般生活在浅海中。它的身体看起来像一根长长的带子，这根“带子”宽 30~50 厘米，长可以达数米，它的学名叫带片，是海带的主要部分。靠着这宽而长的带片，海带从阳光中获取能量，这是它的生存之道。

*** 不过海带分类却一直有争议，一部分科学家认为其更接近于动物。**

出现时间	不早于 15.6 亿年前
地质年代	最早在元古宙中期
基因组大小	537Mb
体型大小	长度通常为 2~6 米

多细胞生物出现

自然界是残酷的，这里竞争激烈，弱肉强食，利益至上。为了生存，你死我活的搏斗每天都在上演。无论是原核生物，还是单细胞真核生物，要在这样的环境中实现自保，都不容易。或许是为了增强自己的防御能力，细胞们做出了一个重要的选择——聚集在一起。由于细胞聚集成群，分工合作，新的生命体逐渐形成了。大约在 15.6 亿年前，多细胞生物隆重登场，开启了生命演化的新篇章。

典型的多细胞藻类植物

生命在不断演化，原始藻类当然不会停下步伐。经过大约 10 亿年的努力，到寒武纪时，由原始藻类演化而来的各种多细胞藻类空前繁盛，它们长成了茂密的海底森林，在海洋中打造出了一个五光十色的世界。色彩单一的地球因为它们而变得充满生机与活力。

巨藻

经过漫长的岁月，多细胞藻类演化成了一个庞大的家族，种类繁多，大小不同。巨藻名副其实，体型硕大又修长。它的底部生有假根，这种根无法吸收营养，主要作用就是将巨藻固定在海底。巨藻的叶柄中那些长 5~7 厘米、宽 2~3 厘米的气囊让它可以在水中直立生长。

出现时间	不早于 15.6 亿年前
地质年代	最早在元古宙中期
基因组大小	409.1Mb
体型大小	长度达几十米至上百米

最原始的多细胞动物——海绵

海绵是最原始的多细胞动物，它们的颜色丰富多彩，外形千奇百怪，体型大小不一。虽然能够进行呼吸、进食等基本的生命活动，但海绵的身体构造极为简单，没有肌肉、骨骼、大脑等构造，甚至没有嘴巴和四肢，更无法自由移动，只能固着在其他物体上。

海绵	
出现时间	约 8.9 亿年前
地质年代	元古宙晚期
基因组大小	167.7Mb（大堡礁海绵）
体型大小	小的不足 0.2 厘米，大的可达数米

变得更规则

为了更好地生存，动物在外形上也费尽心思，不断演化，最终由不对称逐渐演化出两侧对称的身体。

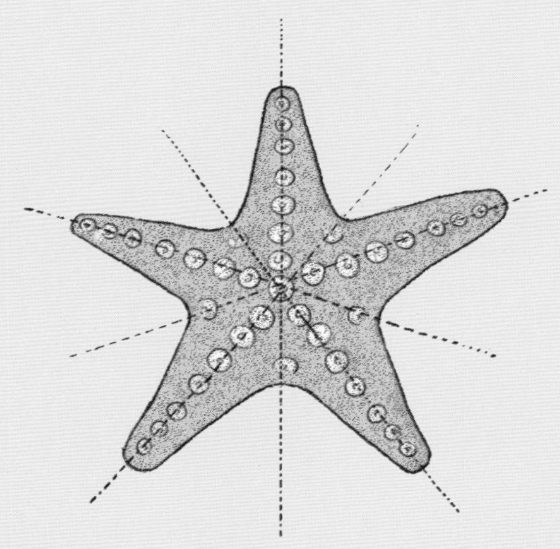

辐射对称

演化出辐射对称的身体是生物为追求自由迈出的重要一步，这让它们可以在水中漂浮生活，虽然移动方式依然受限，但已经大大方便了行动和捕食。

不对称

作为最原始的多细胞动物，海绵的身体是不对称的，这是它无法自由移动的一个重要原因——因为不对称，所以无法很好地掌握平衡。为了解决这一难题，生物开始寻求解决办法。

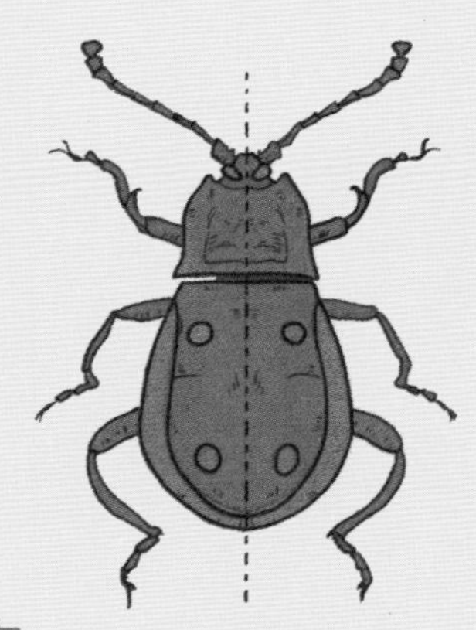

两侧对称

两侧对称的动物身体大致呈左右对称状，这种外形让动物彻底化被动为主动，不仅身体有了前后、左右、背腹之分，机能更加分化，而且适用于多种运动方式。我们现在见到的大多数动物都是两侧对称。

埃迪卡拉生物群

埃迪卡拉生物群生活在距今 5 亿多年前的埃迪卡拉纪晚期，是一群与海绵一样，没有头、尾、四肢、嘴巴等的早期多细胞动物。它们的外形和对称形式多种多样，体形差别也很大，有的看上去很像植物，但实际上都是动物。

三分盘虫	
出现时间	约 5.55 亿年前
地质年代	元古宙晚期
基因组大小	未知
体型大小	直径约 5 厘米

三分盘虫的身体呈圆盘状，“圆盘”被均匀地分成了三份，看起来像是有三个螺旋叶，它们一生都固定在海底。

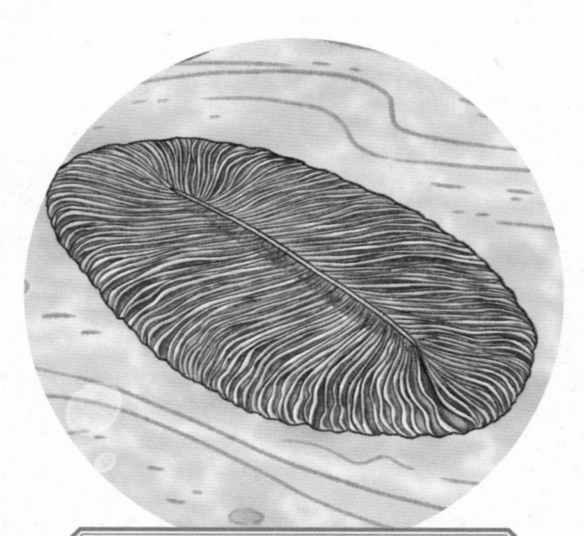

狄更逊蠕虫	
出现时间	约 5.58 亿年前
地质年代	元古宙晚期
基因组大小	未知
体型大小	体长 0.4~140 厘米

狄更逊蠕虫有一个椭圆形的身体，中间有一条轴线将其对称分开。它可能通过表皮摄取营养物质。

兰吉海鳃	
出现时间	约 5.65 亿年前
地质年代	元古宙晚期
基因组大小	未知
体型大小	暂无可靠数据

兰吉海鳃的身体整体呈圆锥状，它有一个粗的中轴和 6 个辐射状的叶片体，可能直立于沉积物表面生活。

查恩盘虫	
出现时间	约 5.7 亿年前
地质年代	元古宙晚期
基因组大小	未知
体型大小	高可达 100 厘米

查恩盘虫像一片竖直生长的叶子，“叶柄”始端有个球形固着器，可以将其固着在海底。

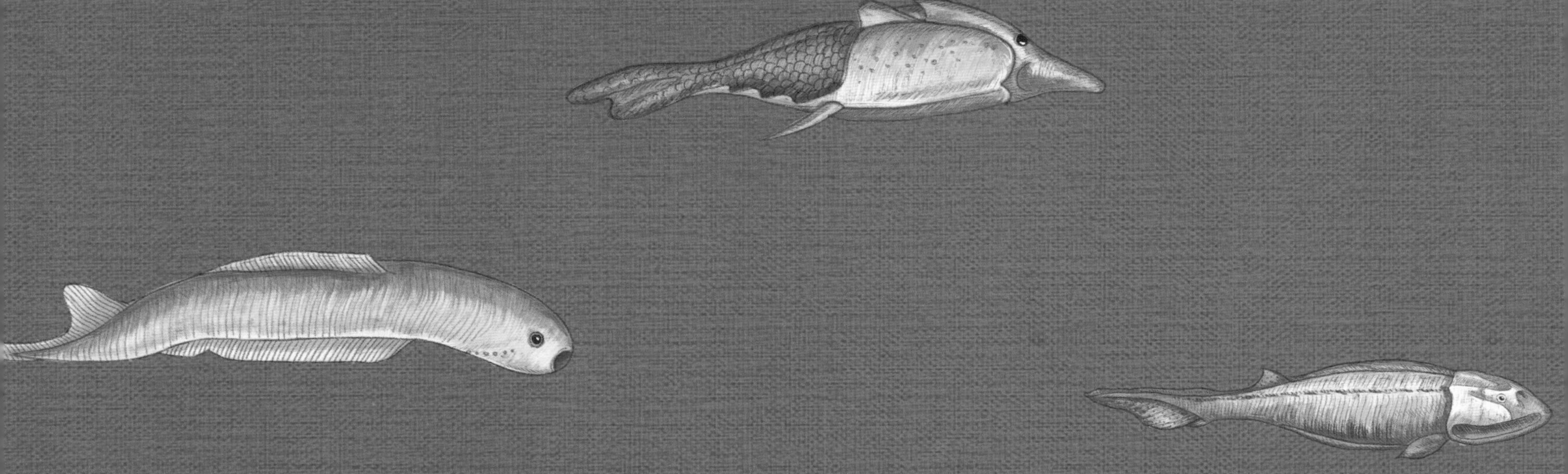

志留纪

奥陶纪

寒武纪

热闹的海洋

经过漫长的历史，
在蓝细菌的不懈努力下，
地球大气中的氧气含量剧增，生物出现
第一只可感觉的“眼”，
数量众多的生命抓住机会，粉墨登场。
它们栖身浩瀚的海洋，
让这里成了地球上最热闹的所在。

生命大爆发

众多生命的集体登场造就了约 5.4 亿年前的寒武纪生命大爆发。澄江动物群是这次生命大爆发中最引人注目的存在，其核心科学价值是诞生了地球上“第一动物树”。而三叶虫则凭借自身强大的适应能力占领海洋，成为当时地球生命圈中最庞大的群体。

澄江生物群

澄江生物群最早发现于我国云南澄江帽天山，包含了很多化石类群，代表了寒武纪生命大爆发的高峰期，是研究寒武纪生命大爆发的重要地质窗口。

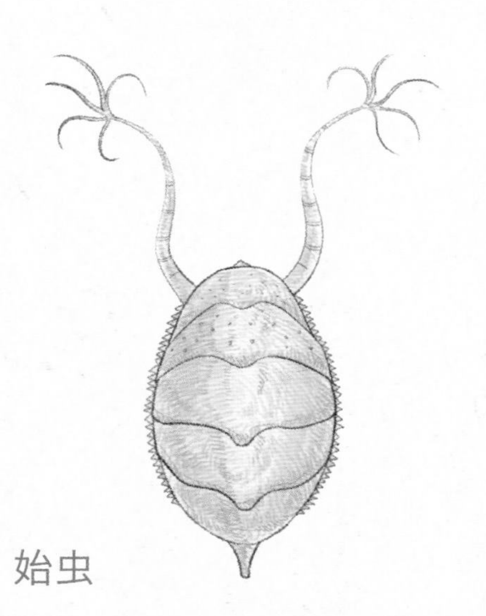

始虫

始虫的前部有一对鞭子状的螯肢与头部相连，这是它们捕食猎物的武器。它们能在海中游泳，还能在海底爬行。

出现时间	约 5.2 亿年前
地质年代	寒武纪早期
基因组大小	未知
体型大小	体长约 3 厘米

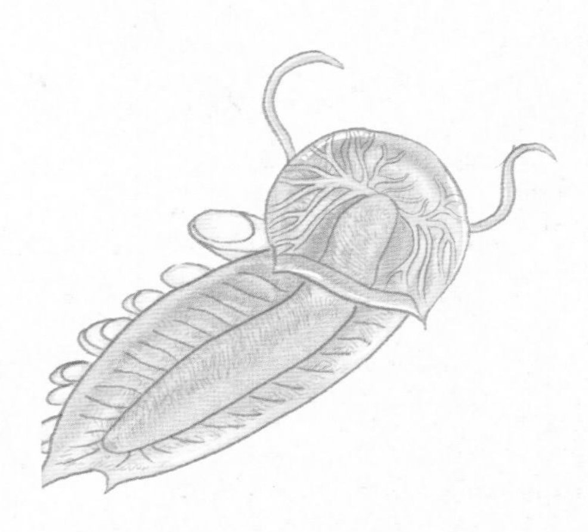

纳罗虫

纳罗虫的身体很柔软，可以通过身躯的弯卷在软底表面进行掘进，也可以游泳或步行。

出现时间	约 5.2 亿年前
地质年代	寒武纪早期
基因组大小	未知
体型大小	体长 2~4.5 厘米

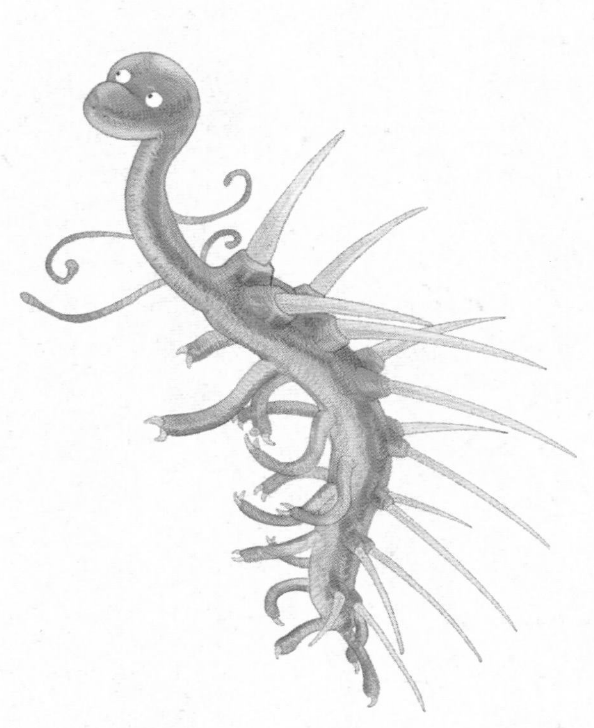

怪诞虫

怪诞虫是一种外形很怪异的虫型生物，它拥有细长的身体和好几对腿，背部长着长长的刺，这些尖刺可能有一定的防御作用。

出现时间	约 5.2 亿年前
地质年代	寒武纪中期
基因组大小	未知
体型大小	体长约 2.5 厘米

灰姑娘虫

与其他同时期的生物相比，灰姑娘虫的外形不算出众，但它是现在已知的最早拥有复眼结构的生物，眼睛由 2000 多只小眼聚集在一起形成，拥有无敌好视力。

出现时间	约 5.2 亿年前
地质年代	寒武纪早期
基因组大小	未知
体型大小	体长约 2.5 厘米

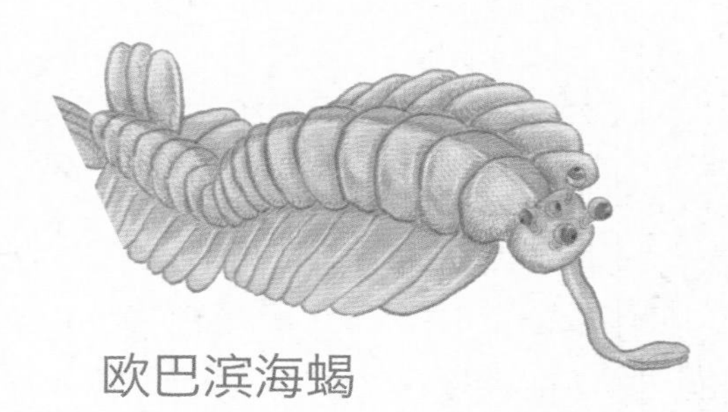

欧巴滨海蝎

欧巴宾海蝎是寒武纪海洋中的代表生物之一，最突出的特点是头部那 5 只带柄的眼睛和伸出去的长嘴巴，嘴巴前端还长着爪子。

出现时间	约 5.2 亿年前
地质年代	寒武纪早期
基因组大小	未知
体型大小	体长 4~7 厘米

化石的形成

化石是保存在地层中的生物遗骸、印痕和遗迹，为我们提供了了解地球生命演化过程最直观的证据，但其形成需要特定的条件，只有极少数生物有可能被保存为化石。

生活在水中的古生物。

古生物死后被迅速掩埋，柔软的部分逐渐被分解或腐蚀。

坚硬的部分、印痕或遗迹随着时间的推移，经石化作用，形成化石。

被保存在地层中的化石让我们得以了解远古生物的面貌。

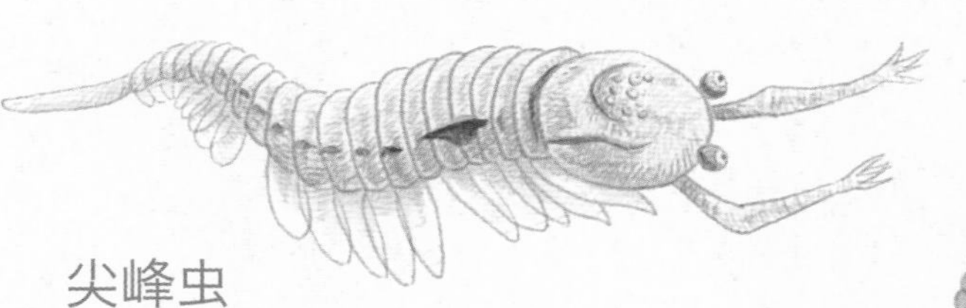

尖峰虫

尖峰虫是多足节肢动物，身体细长，头部呈椭圆形，拥有大附肢，是螃蟹等螯肢动物的祖先。

出现时间	约 5.2 亿年前
地质年代	寒武纪早期
基因组大小	未知
体型大小	体长约 2 厘米

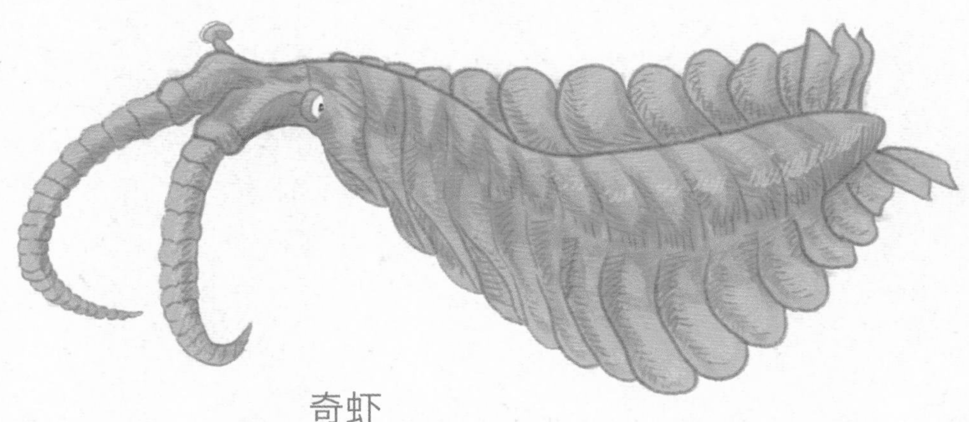

奇虾

奇虾是寒武纪海洋中的霸主，体长能长到 1~2 米，拥有一对布满尖刺的巨型前肢和一张尖利的大嘴，里面长满锋利的牙齿。它虽然不善于行走，但能快速游动。

出现时间	约 5.2 亿年前
地质年代	寒武纪早期
基因组大小	未知
体型大小	体长 1~2 米

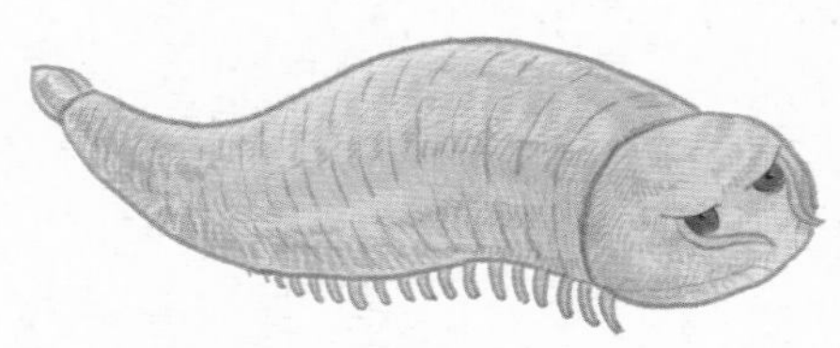

抚仙湖虫

抚仙湖虫目前仅见于澄江生物群，是昆虫的远祖。它长着一对带柄的复眼，行动的时候身体会来回扭动。

出现时间	约 5.2 亿年前
地质年代	寒武纪早期
基因组大小	未知
体型大小	体长约 10 厘米

仙掌滇虫

仙掌滇虫的外形很像仙人掌，身体上覆盖着坚硬的骨化关节，体节上还有很多小棘刺。

出现时间	约 5.2 亿年前
地质年代	寒武纪早期
基因组大小	未知
体型大小	体长约 6 厘米

瓦普塔虾

瓦普塔虾的头胸部有甲壳，尾巴像鱼尾那样呈分叉状，外表看起来与现代的虾相似，与现代海洋甲壳动物亲缘关系很近。

出现时间	约 5.2 亿年前
地质年代	寒武纪早期
基因组大小	未知
体型大小	体长约 8 厘米

占领世界的三叶虫

在寒武纪生命大爆发中，三叶虫是绝对的明星。它们的背部有两条背沟，从头延伸至尾，将背部分为三部分，即“三叶”——这就是三叶虫名字的由来。三叶虫有着超强的适应能力，出现没多久就迅速扩散，成为海洋中的优势物种。在数量上占据绝对优势的三叶虫，在多样性方面也不甘落后，它们种类繁多，大小从 1 毫米到 70 多厘米不等，最大的体长能达到 72 厘米。

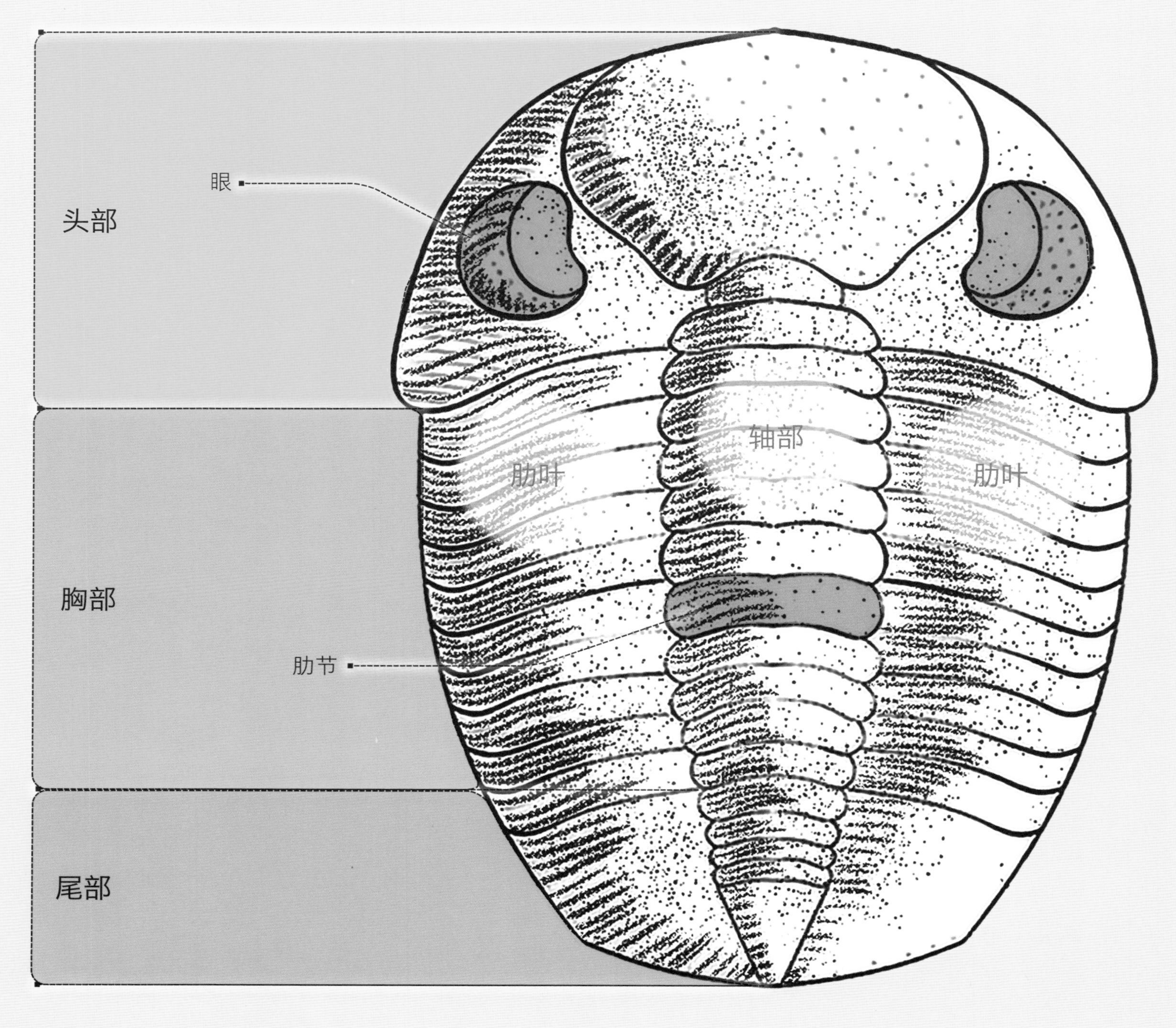

三叶虫背壳构造

三叶虫家族

三叶虫种类繁多，概括来看，可以把它们分为七大类。

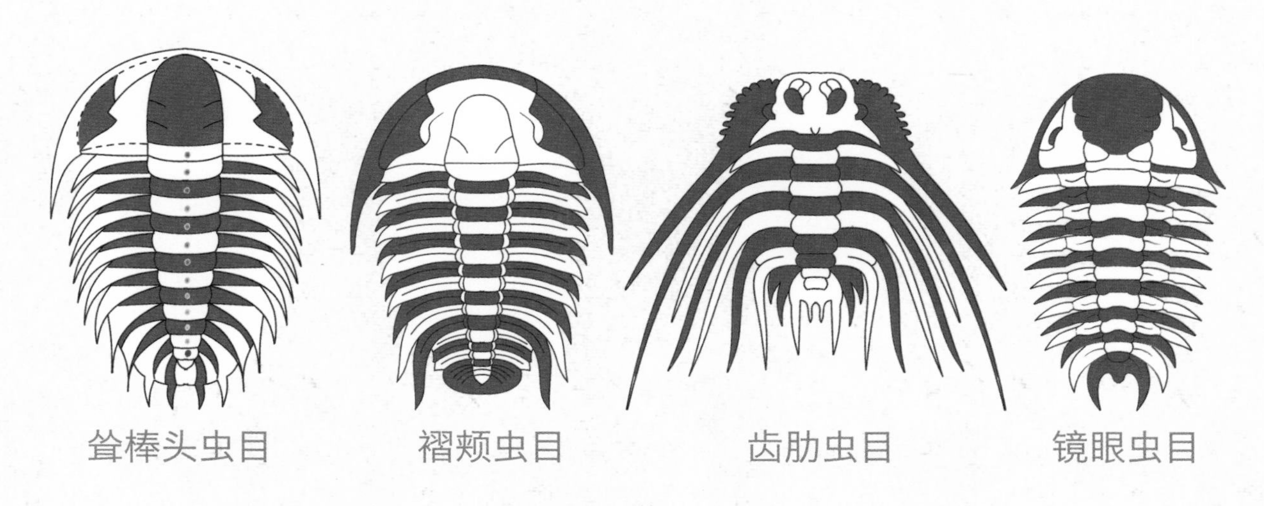

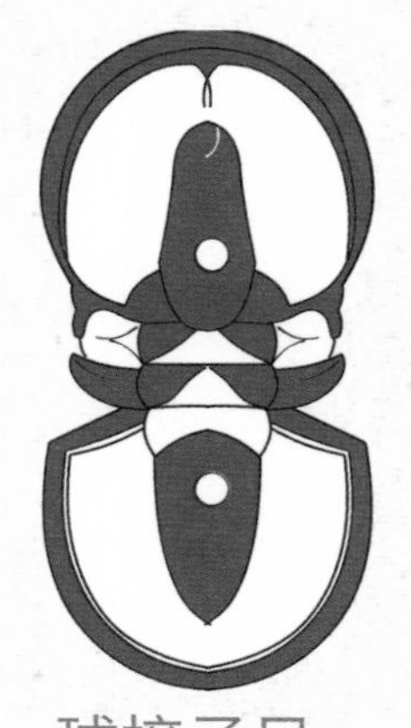

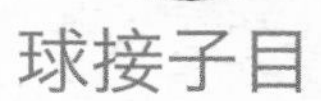

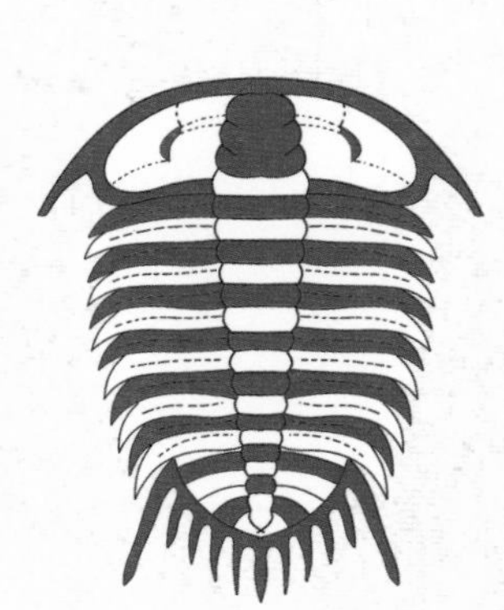

裂肋虫目

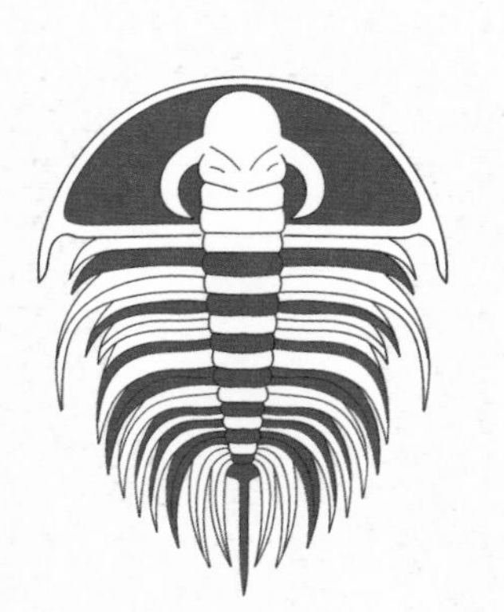

莱得利基虫目

三叶虫的武器

三叶虫有着坚硬的外骨骼，上面还长着硬刺，这是它们抵御捕食者的重要法宝。在遇到危险时，三叶虫会将身体蜷缩起来，竖起背部的硬刺，让捕食者无从下口。

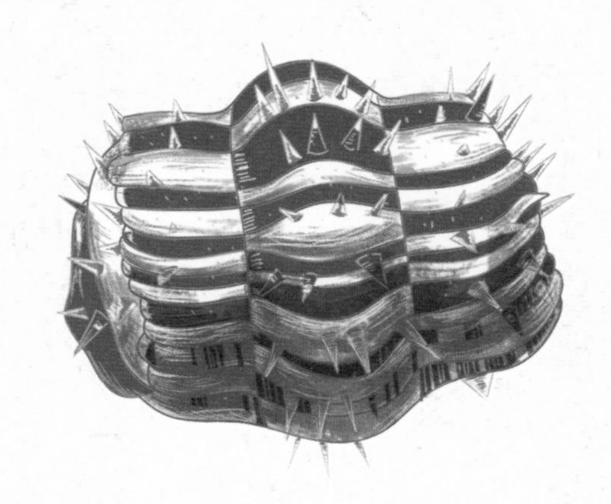

三叶虫里的“大高个”

霸王等称虫是体型最大的三叶虫，能长到 72 厘米长。

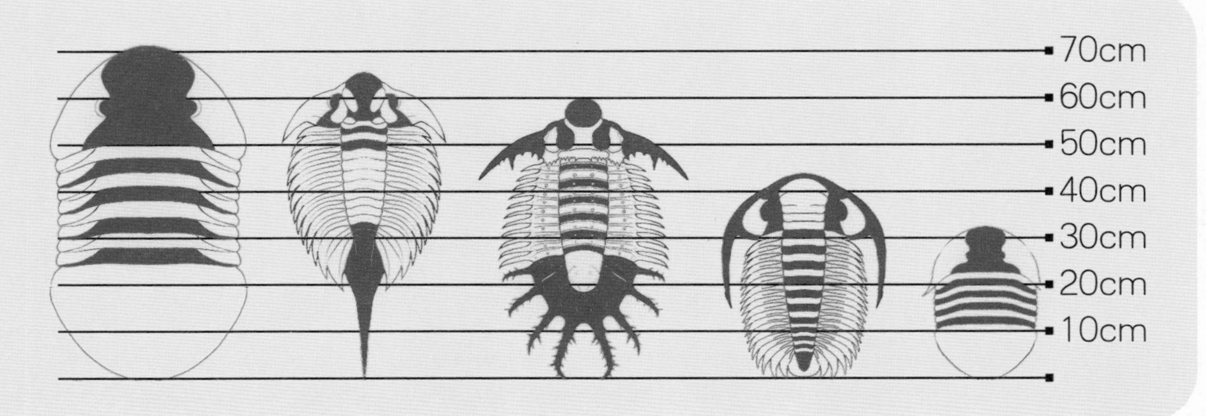

长出脊椎

寒武纪生命大爆发的伟大之处不仅在于带来了多种多样的生命，更重要的是，这一时期的动物开始长出对地球高级生命而言至关重要的构造——脊椎。有了它，生命的演化才有了更多的可能。

1. 长出口

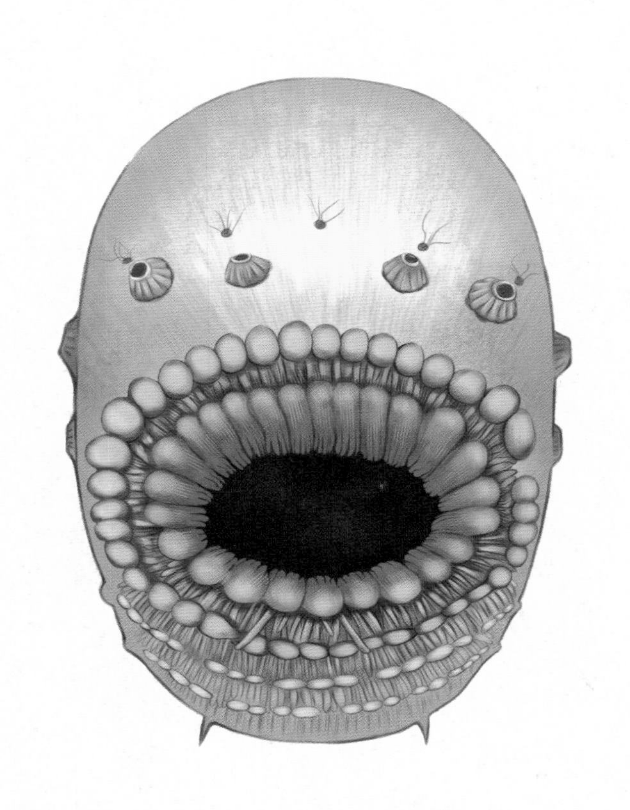

皱囊虫生活在约 5.35 亿年前，是较早长出口的动物，椭圆形的身体和那张大大的嘴巴组合在一起，使得它看起来像一顶奇怪的帽子。它的口既是进食器官，也是排泄器官，它通过口吃进食物，食物消化之后，再通过口把食物残渣吐出来。

皱囊虫

出现时间	约 5.35 亿年前
地质年代	寒武纪早期
基因组大小	未知
体型大小	体长约 0.1 厘米

2. 长出另一个“口”

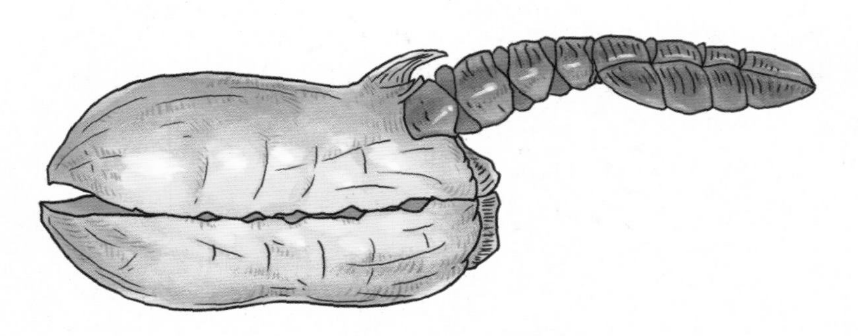

原口动物与后口动物

像皱囊虫那样一口两用显然是很影响进食效率的，于是有些动物在这一点上动起了心思，它们演化出了另一个孔，将进食和排泄分离开来。不过它们有的将原来的口当作进食器官，将后来出现的口当作排泄器官，这样的动物是原口动物；有的则恰恰相反，这样的动物就是后口动物。原口动物与后口动物分道扬镳，前者后来演变成了软体动物、节肢动物等，后口动物则开启了脊椎动物的伟大征程。

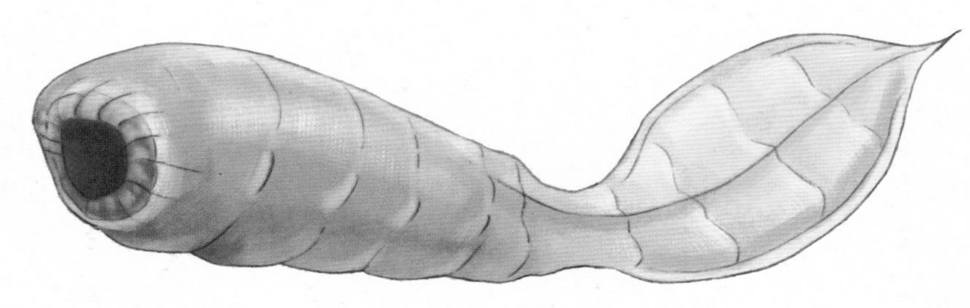

长出鳃裂

鳃裂是后口动物的一项伟大创新。它是连接咽腔与外界的通道，嘴巴吸入的海水可以通过鳃裂排出去，提高进食和呼吸效率。这为后口动物的崛起奠定了基础。西大虫是最早长出鳃裂的动物，几乎后来所有脊椎动物的鳃都起源于它们的鳃裂。

西大虫

出现时间	5.2 亿年前
地质年代	寒武纪早期
基因组大小	未知
体型大小	体长约 10 厘米

3. 长出脊索

后口动物在演化之路上另一个里程碑式的创举是长出脊索。脊索是一根长在动物背部的棒状结构。它具有一定的弹性，像软骨一样，可以支撑身体，让动物的身体变长变硬，也可以使两边的肌肉群活动。这就为动物在水中快速游动做好了准备。

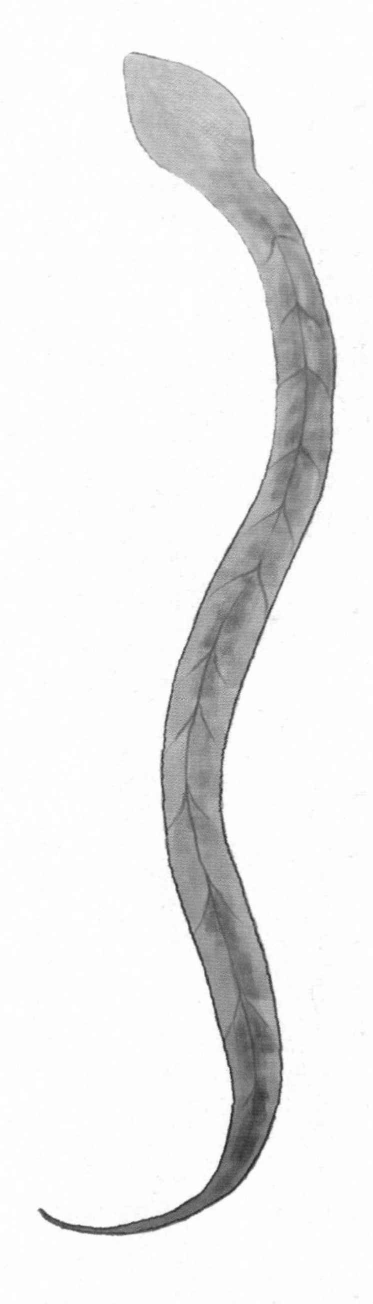

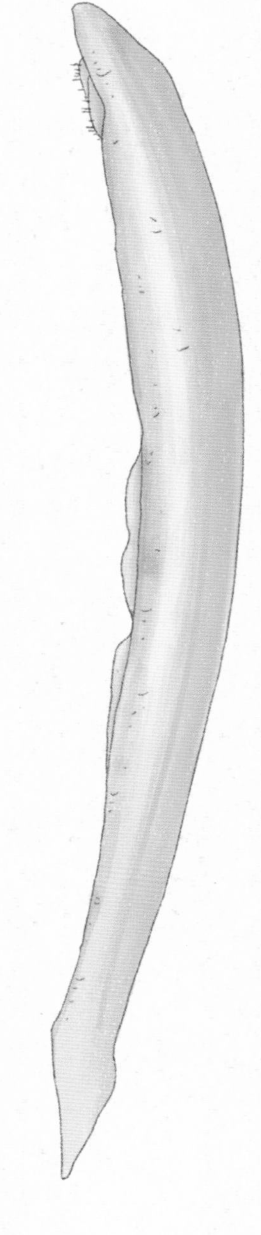

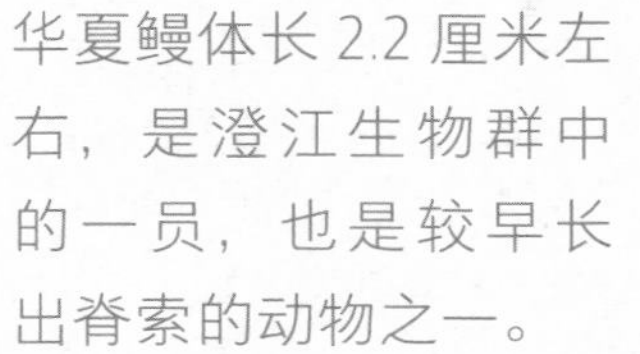

华夏鳗体长 2.2 厘米左右，是澄江生物群中的一员，也是较早长出脊索的动物之一。

华夏鳗

出现时间	约 5.3 亿年前
地质年代	寒武纪早期
基因组大小	未知
体型大小	体长约 2.2 厘米

文昌鱼是现存最古老的脊索动物，出现在 5 亿年前，身体构造与华夏鳗十分相似。

文昌鱼

出现时间	约 5 亿年前
地质年代	寒武纪中期
基因组大小	520Mb
体型大小	体长约 5 厘米

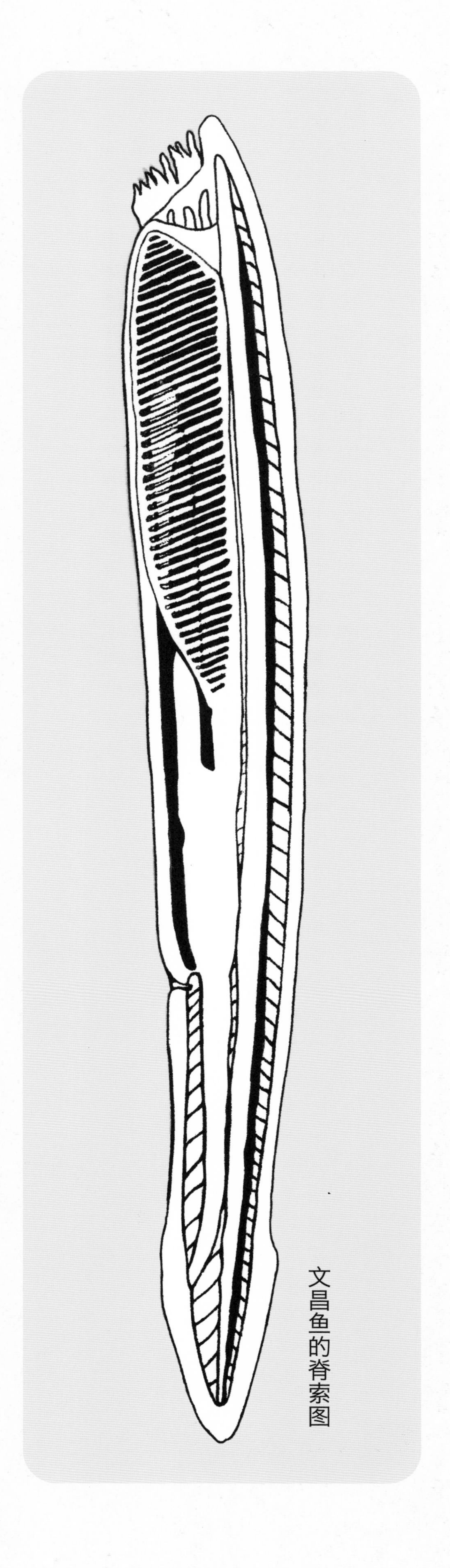

文昌鱼的脊索图

4. 长出脊椎

因为脊索有一定的弹性，还不够坚固结实，所以后来的动物就逐渐演化出了脊椎，变成了更高级的脊椎动物。脊椎对于动物来说好比大树的树干，是脊椎动物躯干的支柱，作为运动器官的附肢和保护内脏的肋骨均固定在脊椎上。长出脊椎，这是演化史上的神来之笔，让地球生命走上了新的道路。

最早的脊椎动物：原始的鱼

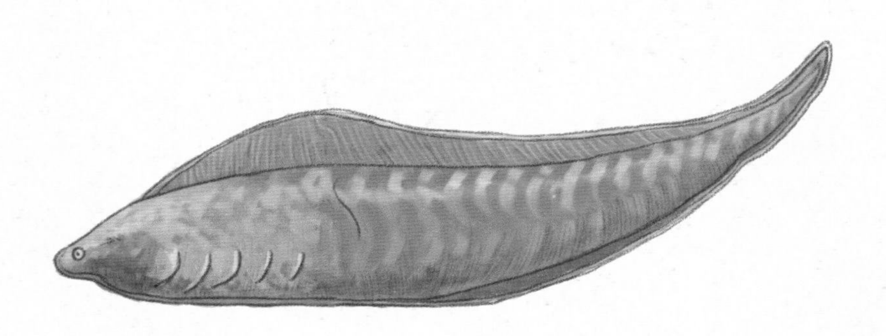

昆明鱼生活在约 5.3 亿年前，个头只有 3 厘米左右，是早期最具代表性的脊椎动物和鱼类，也是最早的脊椎动物，有“天下第一鱼”之称。

昆明鱼	
出现时间	约 5.3 亿年前
地质年代	寒武纪早期
基因组大小	未知
体型大小	体长约 3 厘米

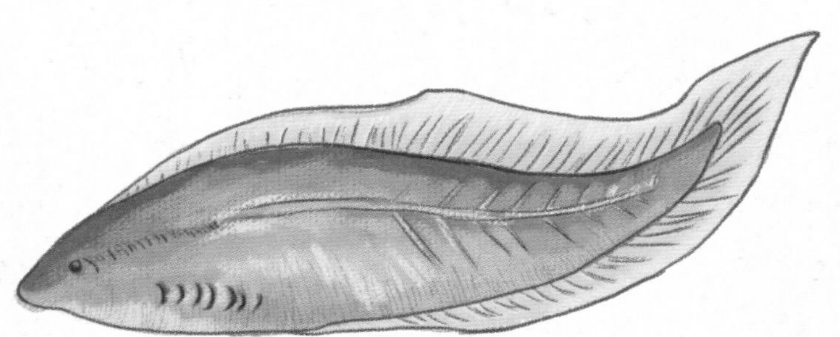

海口鱼是比昆明鱼出现时间稍晚一些的原始鱼类，其鳃裂数目比昆明鱼多两对，为 7 对。不过，海口鱼个头仍然很小，长度与人类的拇指差不多。

海口鱼	
出现时间	约 5.3 亿年前
地质年代	寒武纪早期
基因组大小	未知
体型大小	体长约 3 厘米

云南虫	
出现时间	约 5.3 亿年前
地质年代	寒武纪早期
基因组大小	未知
体型大小	体长一般 3 ~ 4 厘米

云南虫具有明显的鳃裂构造，所以被大多数学者认为属于低等后口动物。至于是否与脊索动物或者脊椎动物有关，学界存在争议。

人类的脊椎

不能张合的嘴巴

在遥远的寒武纪，原始鱼类只有一个像吸盘一样的圆形嘴巴，还没有长出可以让嘴巴张合的颌骨，所以无法咀嚼食物，只能依靠吸吮海洋中的浮游生物为生。很多无颌鱼类在后来的演化过程中都慢慢消失了，七鳃鳗和盲鳗是目前仅存的两类无颌鱼类。

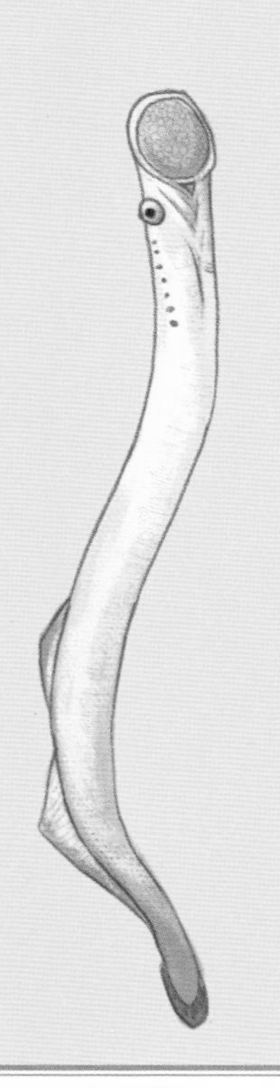

七鳃鳗	
出现时间	约 3.6 亿年前
地质年代	泥盆纪晚期
基因组大小	1089Mb（海七鳃鳗）
体型大小	体长大多为 13~120 厘米

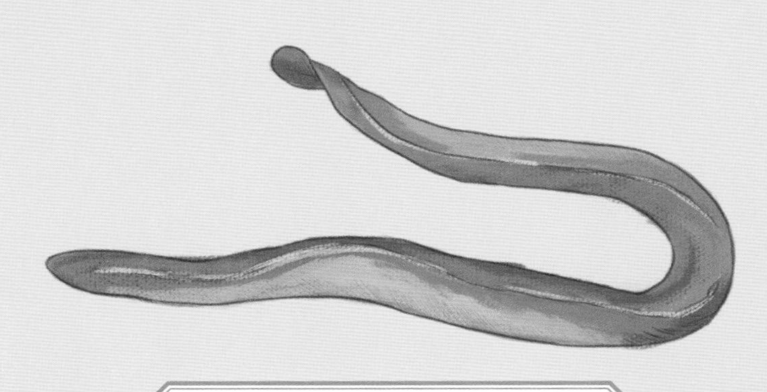

盲鳗	
出现时间	约 5 亿年前
地质年代	寒武纪中期
基因组大小	2608Mb（蒲氏盲鳗）
体型大小	体长约 50 厘米

甲胄鱼类诞生

在 4 亿多年前，海洋中出现了体型庞大的动物，其中的鹦鹉螺与板足鲎相继成为海洋霸主。为避免成为盘中餐，弱小的无颌鱼类走上了新的演化之路。它们在身体外面长出了一层坚硬的盔甲，将头部和胸部牢牢地武装起来，变为披着盔甲的甲胄鱼。但是，厚重的甲片也使得它们体态笨重，游动迟缓，只能终生生活在海底。

典型的甲胄鱼

鳍甲鱼的身体呈流线型，头部有多块骨甲，躯干有较小的鳞。

鳍甲鱼	
出现时间	约 4.8 亿年前
地质年代	奥陶纪
基因组大小	未知
体型大小	体长约 20 厘米

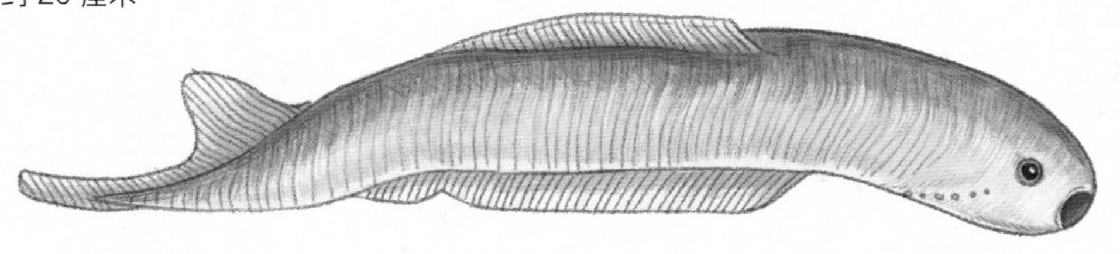

莫氏鱼的身体细长，嘴巴像吸盘，眼睛的后面长有圆形的鳃孔，很可能是现代七鳃鳗的祖先。

莫氏鱼	
出现时间	约 4.4 亿年前
地质年代	志留纪早期
基因组大小	未知
体型大小	体长约 27 厘米

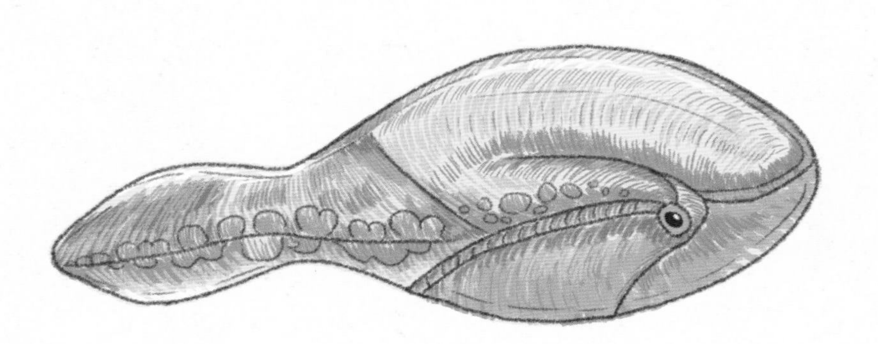

星甲鱼是最古老的甲胄鱼之一，外形很像小蝌蚪，头部包裹在骨质头甲里，依靠尾鳍左右摆动前进。它们生活在淡水中，以水中的浮渣和微生物为食。

星甲鱼	
出现时间	约 4.38 亿年前
地质年代	志留纪早期
基因组大小	未知
体型大小	体长约 20 厘米

曙鱼有两个大大的眼睛和一个又圆又大的鼻孔，看起来像一个惊叹的“表情包”。

曙鱼	
出现时间	约 4.35 亿年前
地质年代	志留纪中期
基因组大小	未知
体型大小	体长约 5 厘米

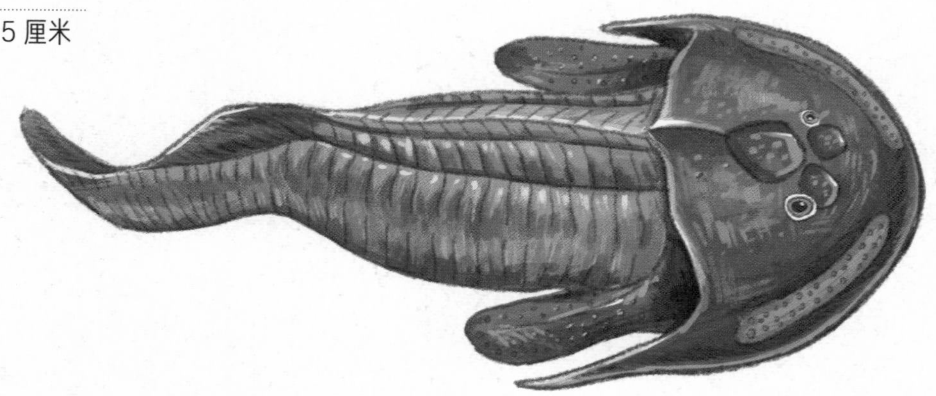

头甲鱼的头部和躯干长着厚厚的甲片，虽然有一对肉质的胸鳍，但游泳能力并不强。

头甲鱼	
出现时间	约 4.2 亿年前
地质年代	志留纪晚期
基因组大小	未知
体型大小	体长不超过 20 厘米

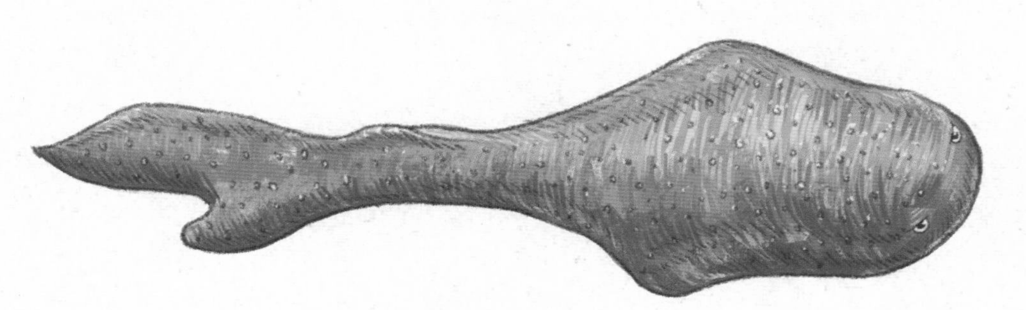

花鳞鱼体型较小，全身覆盖着细小的鳞片，游泳能力很强。

花鳞鱼	
出现时间	约 3.5 亿年前
地质年代	石炭纪早期
基因组大小	未知
体型大小	体长约 18 厘米

半环鱼也有结实的头甲，但它们的头甲结构相对简单，由一块半环形的硬骨构成。半环鱼栖息于河流、湖泊中，尾部向上，这种特征不仅可以为身体提供动力，而且当它们进食的时候，可以帮助躯干保持向海底倾斜的状态。

半环鱼	
出现时间	约 3.5 亿年前
地质年代	石炭纪早期
基因组大小	未知
体型大小	体长约 15 厘米

甲胄鱼的敌人

虽然拥有坚硬的盔甲，但在危机四伏的海洋中，甲胄鱼们也必须谨慎应对，如果以为有了盔甲就万事大吉，那可就大错特错了。在水域王者鹦鹉螺和板足鲎面前，一切盔甲都形同虚设，遇到这两类敌人，甲胄鱼必须奋力逃生，稍有不慎，就有可能丢掉性命。

直壳鹦鹉螺最突出的特点就是尖尖的外壳和触须，有的体长能达到 10 米左右，仅触须就将近 1 米。直壳鹦鹉螺拥有超强的捕食能力，它们利用触须捕食猎物，一度成为海洋霸主。

直壳鹦鹉螺	
出现时间	约 5 亿年前
地质年代	寒武纪晚期
基因组大小	未知
体型大小	体长可达 10 米左右

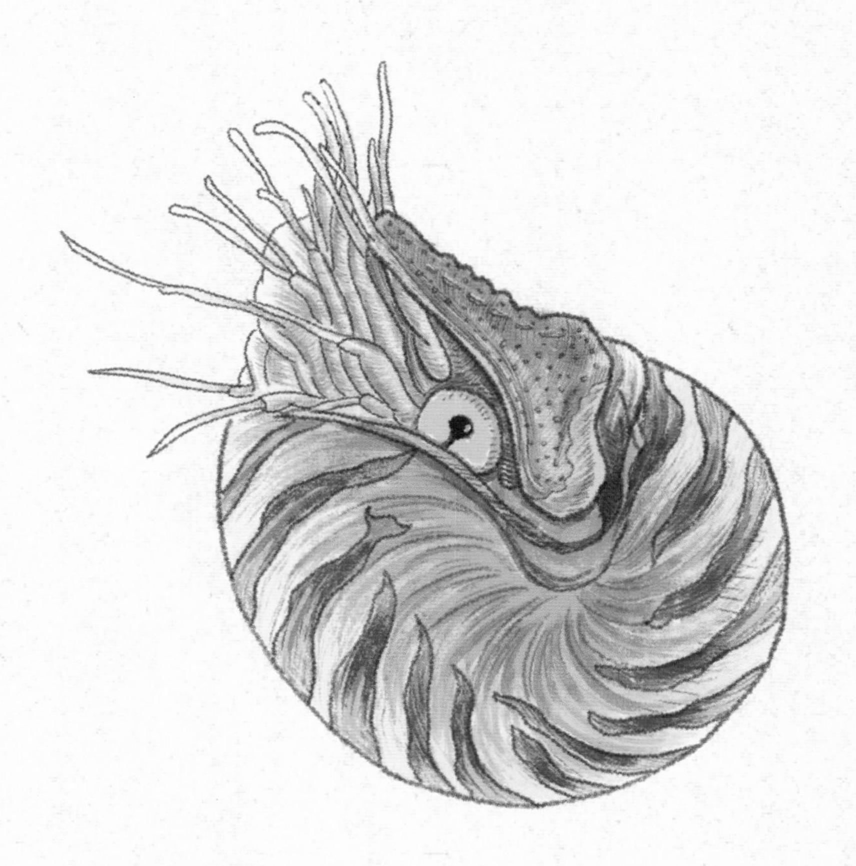

卷壳鹦鹉螺是直壳鹦鹉螺的近亲，身体内外呈圆形，因此得名。卷壳鹦鹉螺体型比较小，不曾像直壳鹦鹉螺那样称霸海洋，不过也正因为这样，它先后逃过了五次生物大灭绝存活至今，成为著名的“活化石”之一。

卷壳鹦鹉螺

出现时间	约5亿年前
地质年代	寒武纪晚期
基因组大小	未知
体型大小	体长16~26厘米（现生鹦鹉螺）

板足鲎既可以生活在淡水中，也可以生活在海洋中，因为外形与现在的蝎子相似，因此也被称为“海蝎子”。它们拥有大大的螯肢，上面还长满了尖刺，是当时海洋中最凶猛的动物。与它们狭路相逢时，除了奋力逃跑，甲胄鱼别无选择。

板足鲎

出现时间	约4.7亿年前
地质年代	奥陶纪中期
基因组大小	未知
体型大小	体型大小不一，最大的体长可达3米

泥盆纪

志留纪

奥陶纪

第三篇章

向陆地进军

与热闹的海洋形成鲜明对比的，
是广阔无垠却毫无生机的陆地。
或许是因为水中的世界
开始变得拥挤，
生物们萌生了探索陆地的念头，
向陆地进军的新时代
随之而来。

苔藓爬上陆地

在探索陆地的进程中，藻类依旧“身先士卒”，最早做出了登陆的尝试。最终，它们舍弃热闹的海洋，在4亿多年前迈出了里程碑式的一步，成为最早的陆生植物——苔藓，吹响了生物征服陆地的号角。

苔藓是如何爬上陆地的？

为了将自己固定在陆地上，苔藓演化出了一种近似于根的构造；为了接受更多的光照，它们演化出了拟叶；陆地上水分稀少，为此它们通过改变叶片形态、内部结构等各种手段减少水分的蒸发，并演化出了强大的储水能力和耐旱能力。通过种种努力，这种矮小的植物最终成功定居陆地，为陆地涂上了第一抹绿。

苔藓植物的繁殖方式

苔藓植物还没有分化出根、茎、叶，只有拟叶、拟茎和假根，也不具备有支撑功能的维管组织，所以普遍矮小。一株完整的苔藓植物一般包括孢子体和配子体两部分。孢子体无法独立生存，只能寄生在配子体上。

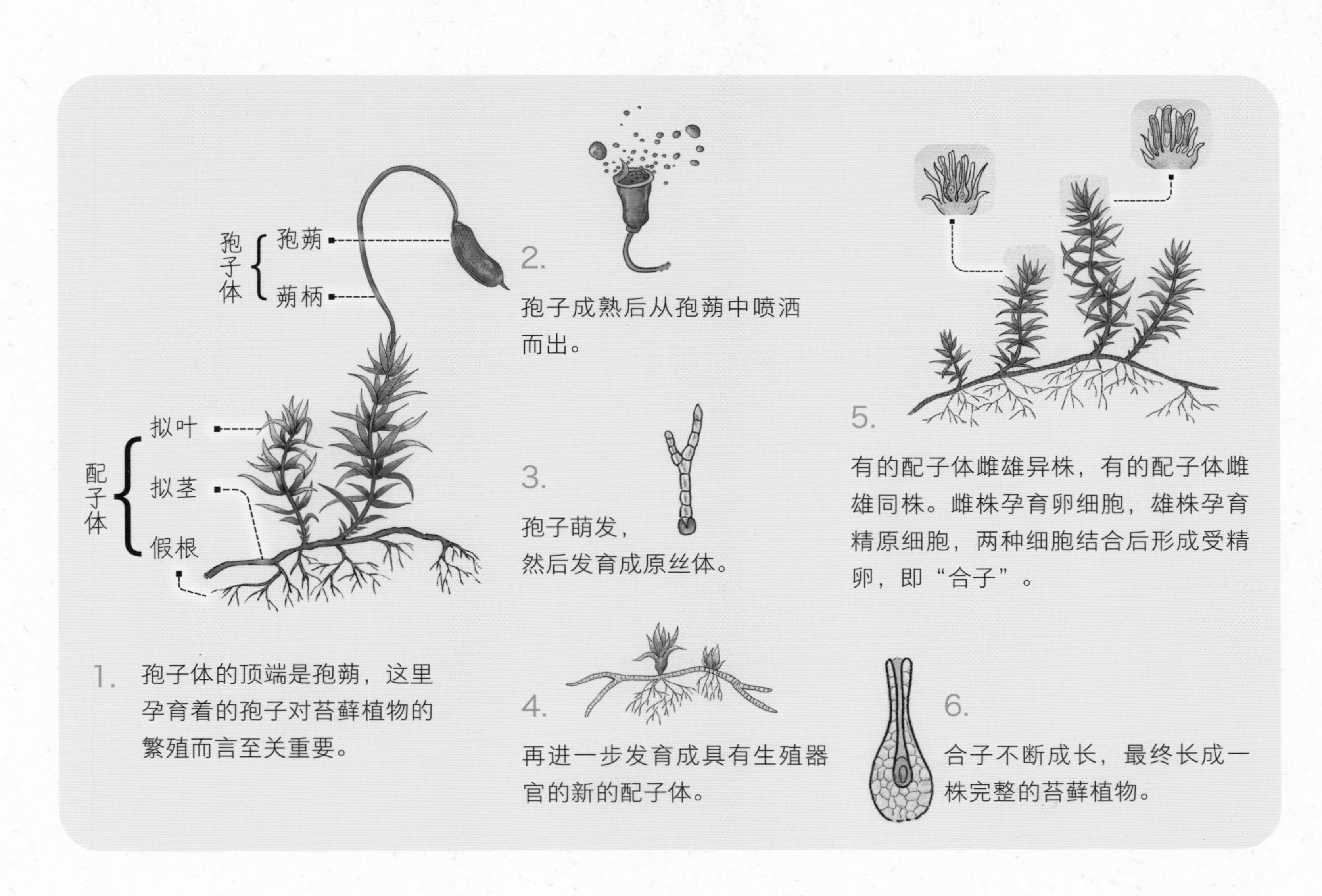

苔藓植物的种类

成功登陆后，苔藓植物并没有朝着同一个方向演化。为了获取更多的水分，它们有的选择将拟叶平铺在地面上，从土壤中汲取水分，有的选择抛弃庞大的拟叶，以减少水分的蒸发。渐渐地，苔藓植物形成了两大阵营，前者成了苔类植物，后者成了藓类植物。又经过了 2 亿年左右，另一类苔藓植物——角苔类植物出现了。它们共同组成了苔藓植物庞大的家族，经历了地球上数亿年沧海桑田的变化，至今仍旧生机勃勃。

苔类植物

苔类植物有的只有拟叶，有的有拟叶和拟茎，叶子两侧对称，全世界目前约有 1 万种左右。

藓类植物

藓类植物拥有拟叶和拟茎，叶子在茎上辐射状排列，全世界有 1 万多种，常呈群落分布。

角苔类植物

角苔类植物只有拟叶，没有茎叶分化，与苔类植物和藓类植物最明显的区别是孢子体没有蒴柄，仅有长角状的孢蒴和基足。

典型的苔藓植物

藻藓	
出现时间	约 4.5 亿年前
地质年代	奥陶纪晚期
基因组大小	325Mb
植株高度	0.5~2 厘米

藻藓植物主要分布于岛屿和濒临海洋的地带，它们很可能是植物由水生向陆生过渡的先驱者，同时也是苔藓植物由藻类演化而来的重要证据。

泥炭藓主要生活在沼泽中，是世界上吸水量最高的植物，能吸收自身体重十几倍甚至几十倍的水。它就像一座水库，在雨季时，使雨水不至于泛滥，在干旱时，也能保证拥有足够的水分。

泥炭藓	
出现时间	约 2.95~2.5 亿年前
地质年代	二叠纪
基因组大小	439.011Mb(中位泥炭藓)
植株高度	18~20 厘米

葫芦藓因为孢子体顶部长着一个葫芦状的孢蒴而得名。植株一般高 3 厘米左右，底端看起来像一个莲座，广泛分布于世界各地。

葫芦藓	
出现时间	未知
地质年代	未知
基因组大小	471.9Mb（小立碗藓）
植株高度	1~3 厘米

裸蕨忘记长叶子了

在苔藓植物登陆后，泡在海洋中的其他植物纷纷“眼热”起来。不过很多植物仅仅是羡慕而已，并没有为此而做出努力，只有一支叫绿藻的族群在暗自使劲儿。大约 4.2 亿年前，一支全新的物种登上陆地，这就是由绿藻演化而来的裸蕨植物。它们是后来所有生长在陆地上的高等植物的祖先，同时也是个短命的祖先，在约 3.6 亿年前就灭绝了。

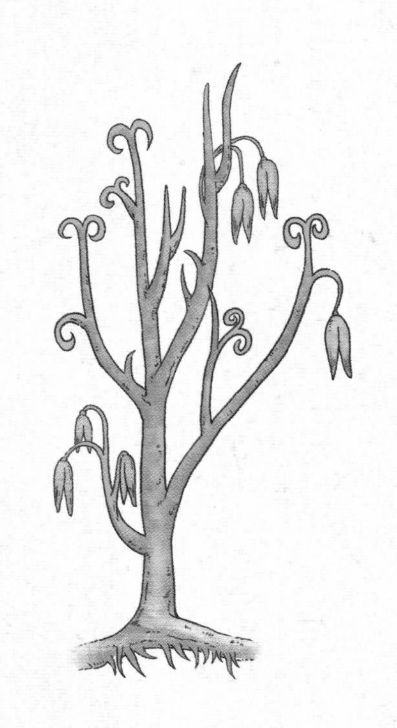

或许是因为只顾着向上爬，裸蕨“忘记”长叶子了，又或许是在地球上的生存时间太短，还没来得及长出叶子就灭绝了，总之没有叶子成了裸蕨植物最显著的特征，它们的整个身躯都是裸露的，这也是其名字的由来。

工蕨

出现时间	约 4.2 亿年前
地质年代	志留纪晚期
基因组大小	未知
植株高度	10 ~ 30 厘米

工蕨身体的绝大部分都是泡在水中的，暴露在空中的只有头顶的孢子囊。它们生长在地上的假根，常常会长出“工”字形的奇特分枝，因此得名“工蕨”。当许多工蕨在同一个地方生长时，往往会形成一种盘根错节的复杂状态。

再现裸蕨时代

裸蕨植物是水生到陆生的桥梁植物，是植物发展史上又一次巨大的飞跃！其中最具代表性的有顶囊蕨、工蕨、三枝蕨。

三枝蕨

出现时间	约 4.2 亿年前
地质年代	志留纪晚期
基因组大小	未知
植株高度	可达 200 厘米

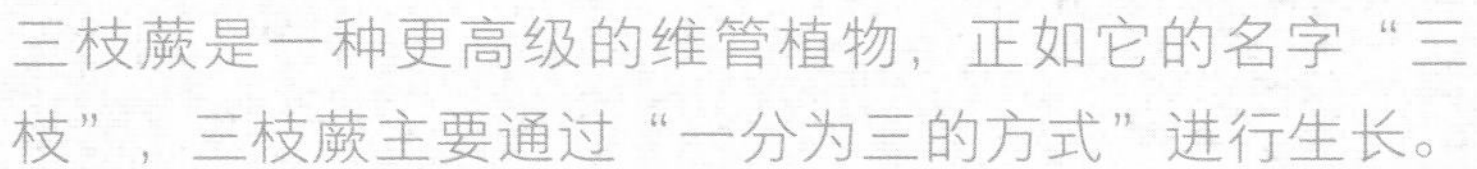

三枝蕨是一种更高级的维管植物，正如它的名字“三枝”，三枝蕨主要通过“一分为三的方式”进行生长。

顶囊蕨

出现时间	约 4.25 亿年前
地质年代	志留纪中晚期
基因组大小	未知
植株高度	一般不超过 10 厘米

顶囊蕨是目前发现的最早出现在陆地上的裸蕨植物。顶囊蕨也没有叶子，常常以一分为二的方式“开枝散叶”，整个植物体看起来就像一个大“Y”。

裸蕨植物有什么?

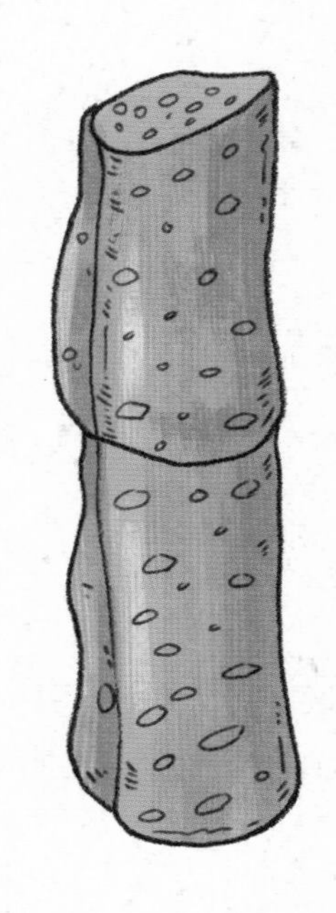

维管

为了获得更多阳光的照射，裸蕨植物进化出了一套新的组织——维管。维管组织遍布植物全身，一方面像人类的血管一样，可以将地下的水分和养料运送到植物的身体各处；另一方面像人类的骨骼一样，可以帮助植物直立生长。拥有维管之后，植物开始高大起来。

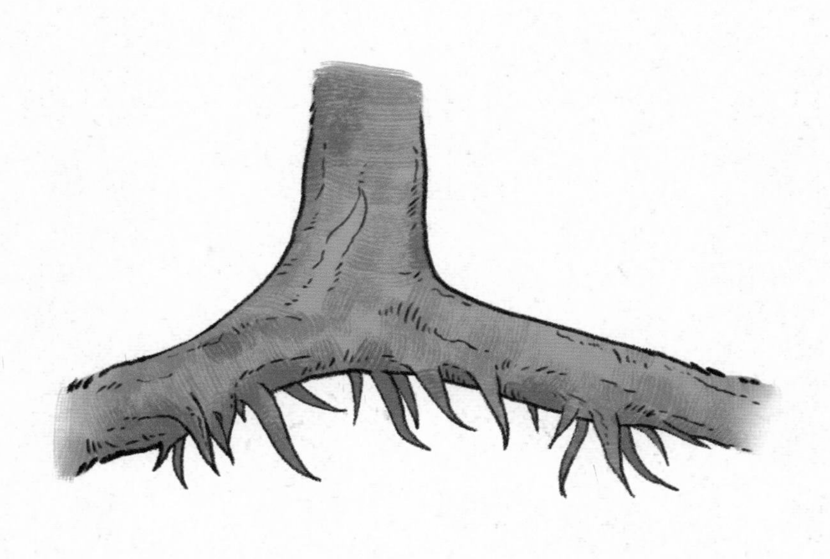

毛发状的假根

裸蕨植物体型矮小，高的不超过两米，矮的仅有几十厘米。虽然植物体没有真正的根，但在茎的下端长出了毛发状的假根结构。这些假根相对于苔藓植物的根来说更加粗壮，起到了支撑和固定植物的作用。

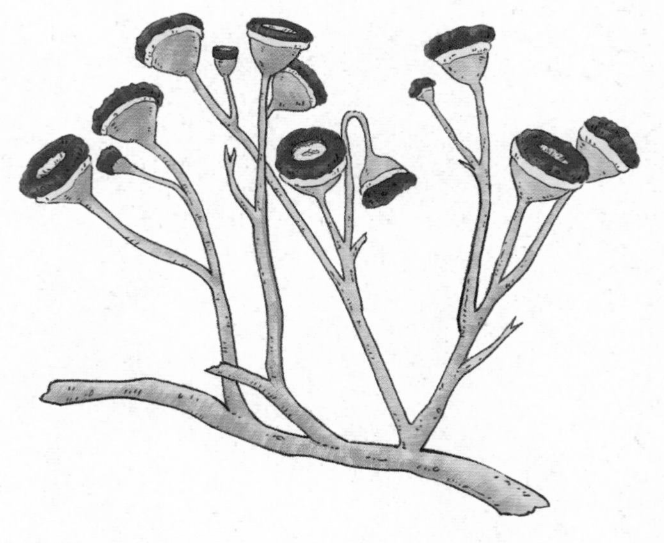

孢子囊

裸蕨植物没有种子，主要是靠孢子来进行生殖的。孢子是一种生殖细胞，能直接发育成新的个体。在裸蕨植物的枝轴顶端往往生长着一种名叫孢子囊的组织，这是植物体产生孢子的场所，坚韧的外壁使孢子不易损伤和变得干瘪，这样更有利于植物体的繁衍。

昆虫跟随“口粮”登陆了

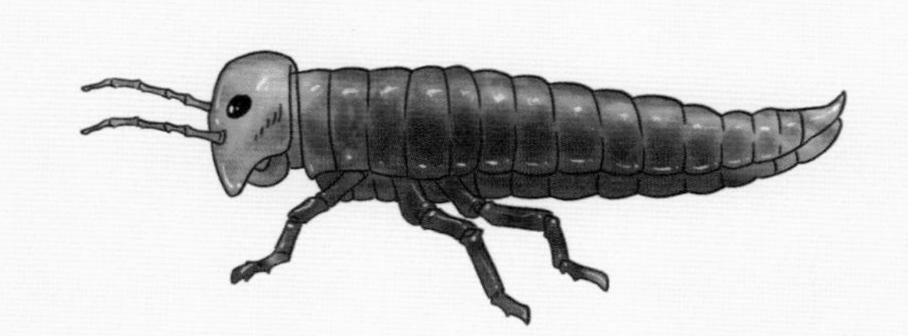

裸蕨植物登陆后，陆地变得更加生机勃勃。一些以植物为食的动物追随着“口粮”紧接着登陆，成为第一批出现在陆地的动物。原始的昆虫可能是由原始海洋节肢动物演化而来的，它们的祖先也在这个时候登上了陆地。原始昆虫一开始没有翅膀，不可以飞，主要生活在树上。到了泥盆纪，陆地已经成为植物和原始昆虫们的乐园。

有颌鱼出现

在植物舍弃海洋登上陆地的时候，鱼类还在为了生存费尽心机。甲胄鱼选择用盔甲自保的方法显得笨拙又保守，在竞争激烈的生存环境中，这注定是没有前途的。另一些鱼比它们来得聪明，选择变被动防守为主动进攻，在进攻武器上下足了功夫，长出了具有革命性的颌骨，成为有颌鱼类。生物演化的历史从此被改写。

盾皮鱼

盾皮鱼是最早出现的有颌鱼类。它们与甲胄鱼一样，身披厚重的铠甲，不同的是，它们长出了颌骨。

邓氏鱼是盾皮鱼中的典型代表，体型巨大，头部被厚厚的骨板所覆盖。虽然不擅长游泳，但因为拥有强而有力的颌骨，可以轻而易举地将猎物撕裂，邓氏鱼取代板足鲎，成为海洋中新一代的顶级掠食者。

邓氏鱼	
出现时间	约 4.15 亿年前
地质年代	泥盆纪早期
基因组大小	未知
体型大小	体长 8 ~ 10 米

软骨鱼

软骨鱼通常生活在海洋中，它们的骨骼由软骨构成，软骨上有一层薄薄的骨质。大部分软骨鱼都是肉食性动物，具有很强的捕食能力，但也有一部分是滤食性动物。根据它们的外形特点来看，有的软骨鱼没有胸鳍，比如鲨类；有的长着大大的胸鳍，比如鳐类、魟类。

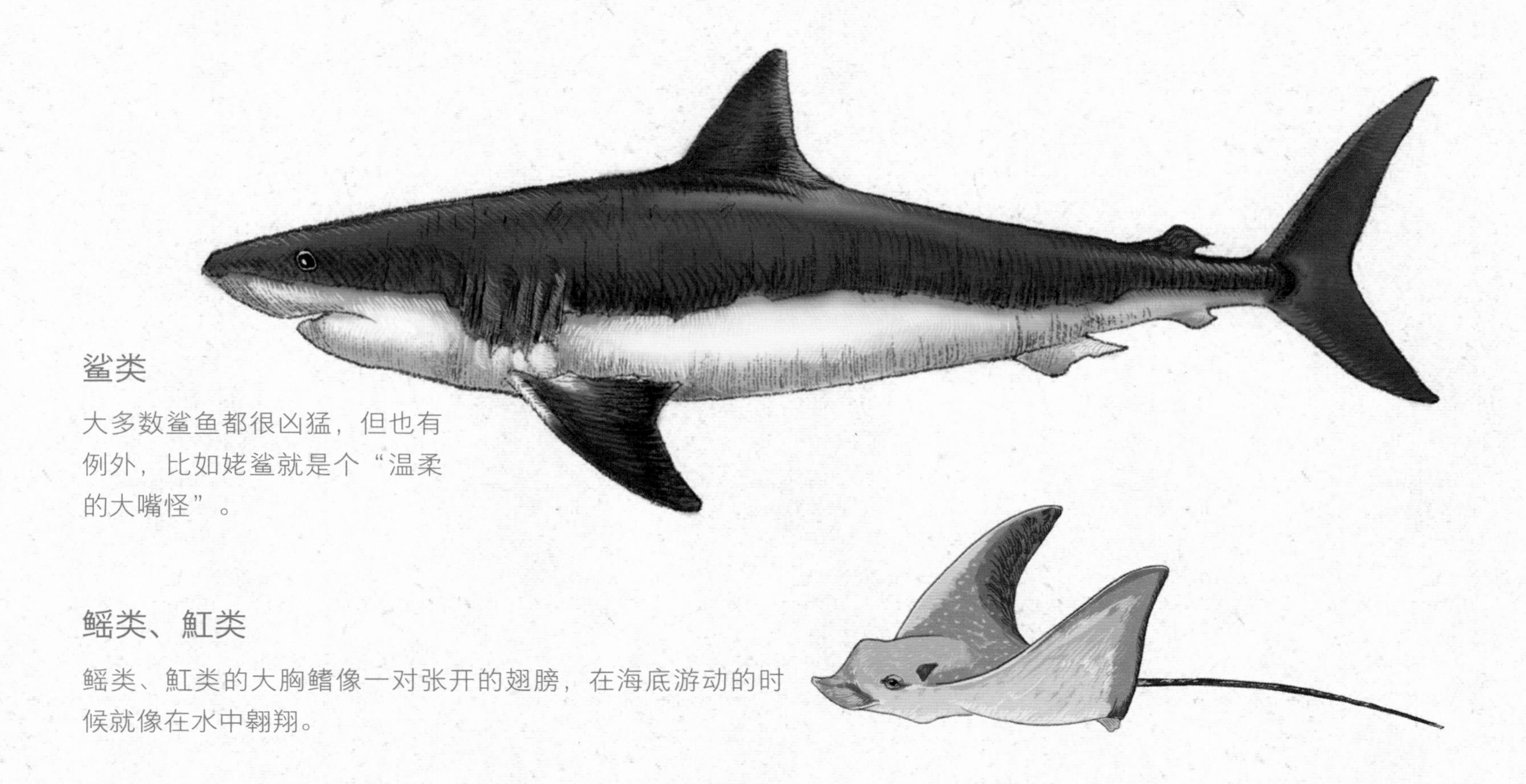

鲨类

大多数鲨鱼都很凶猛，但也有例外，比如姥鲨就是个“温柔的大嘴怪”。

鳐类、魟类

鳐类、魟类的大胸鳍像一对张开的翅膀，在海底游动的时候就像在水中翱翔。

螺纹沈氏棘鱼	
出现时间	约 4.3 亿年前
地质年代	志留纪中期
基因组大小	未知
体型大小	体长不到 3 厘米

螺纹沈氏棘鱼是目前所知道的最原始的软骨鱼类，生活在约 4.3 亿年前。它的个头很小，全长只有不到 3 厘米，是鲨鱼、鳐鱼等现存软骨鱼类的祖先。

硬骨鱼

硬骨鱼是由盾皮鱼演化而来的，全身的骨骼都很坚硬。硬骨鱼是现在最繁盛的一个类群，现代脊椎动物一共有 6 万多种，其中硬骨鱼就有 2 万多种。毫无疑问，它们是演化最成功的鱼类。在演化过程中，硬骨鱼逐渐形成了辐鳍鱼和肉鳍鱼两个分支。

辐鳍鱼

辐鳍鱼是最早出现的硬骨鱼，在志留纪末期就已经出现，现在几乎所有种类的硬骨鱼都是它们的后代。它们最典型的特点是鱼鳍内的骨骼呈放射状排列。

肉鳍鱼

肉鳍鱼出现的时间略晚于辐鳍鱼，大约出现于泥盆纪早期。它们与辐鳍鱼最大的不同是鱼鳍由肌肉发达的肉质鳍片组成（辐鳍鱼的鱼鳍内是没有肌肉的），具有更强的支撑力。这为肉鳍鱼以后登上陆地埋下了伏笔，使它们成为所有陆生动物的祖先。

科学家如何确定鱼的种类?

很多原始鱼类已经灭绝,科学家是如何确定它们的种类的呢?答案就写在它们的粪化石中。粪化石是动物的粪便经过数万年的沉淀形成的,记录着动物粪便的形状。通过研究粪化石,科学家得以了解动物消化道的内部构造,进而根据消化道的特点确定鱼的种类。当然,在此之前,科学家需要综合各方面的证据找出排便者。

为了方便吸收营养,软骨鱼的肠道内生有螺旋瓣,因此食物残渣通过肠道后形成的粪便就会带有螺旋纹。
不同种类的软骨鱼肠道内螺旋瓣的多寡、疏密各不相同,所以它们粪便的外形也不同。

不同种类软骨鱼的粪便化石

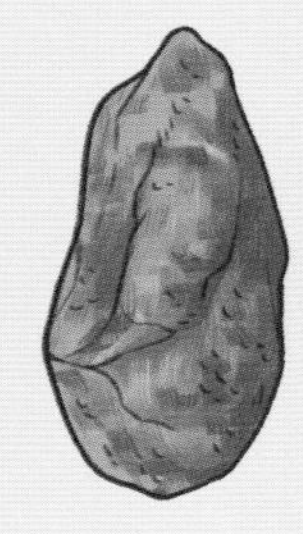

硬骨鱼的粪便化石

硬骨鱼的肠道内没有这种构造,这导致它们的粪便与软骨鱼有明显的区别。

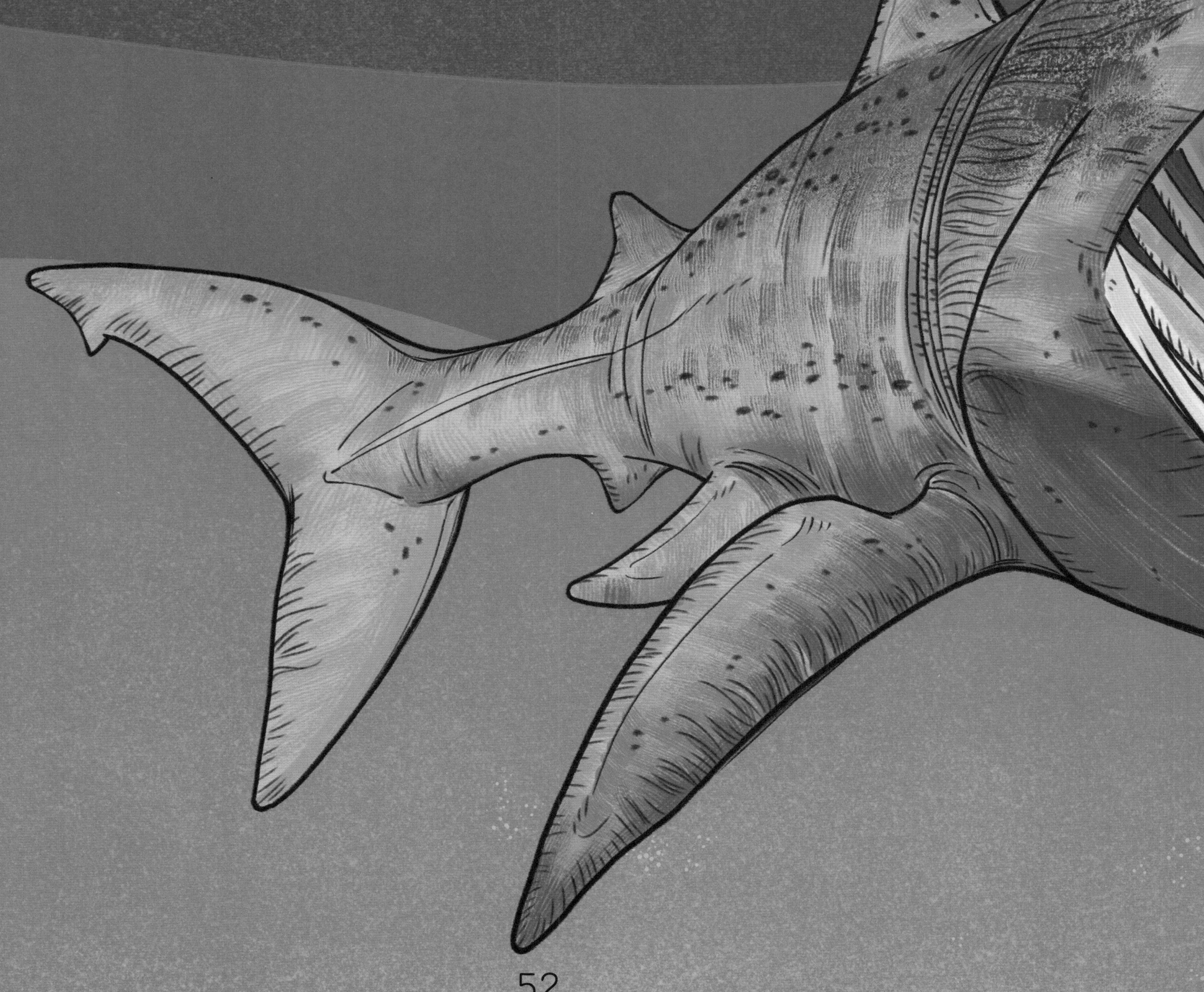

温柔的大嘴怪
——姥鲨

在辽阔的海洋世界里，弱肉强食的法则从来没有改变过。鲨鱼作为这片领域的王者，占据着食物链的最顶端。但是有一种看似凶猛的鲨鱼，却与其他鲨鱼截然不同。它就像一个温柔的大嘴怪，从不主动攻击其他鱼类，仅仅以浮游生物、小鱼等为食，这种鲨鱼就是姥鲨。姥鲨每天张着宽大的嘴巴，在海里优哉游哉地游来游去，海水进入嘴巴，流经鳃片，其中的浮动生物、小鱼、鱼卵等食物被留下来，海水则被过滤出去，这就是姥鲨的进食方式。因为体型硕大，姥鲨每天都要吃很多食物，所以它经常张着嘴巴，随时随地都在吃东西。

姥鲨	
出现时间	不早于 4.16 亿年前
地质年代	最早在泥盆纪早期
基因组大小	910Mb
体型大小	体长一般 6 ~ 8 米

颌骨的演化

颌骨的出现和演化在生命演化史中具有划时代的意义。在没有颌骨的时候，生物的嘴就像吸管，进食时只能被动吸食，无法主动捕食，这显然不利于生存。鱼类率先演化出了颌骨。有了颌骨，它们能获得更多的氧气，进而长得更大，游得更快；更重要的是，颌骨可以使嘴巴开合，提高撕咬能力，生物变被动为主动，开始积极捕食了。

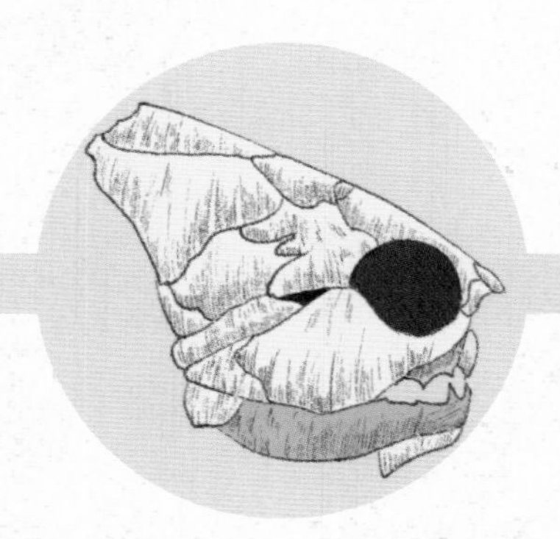

盾皮鱼的原颌

最早演化出颌骨的是盾皮鱼。它们的颌骨是从鳃弓演化而来的，由软骨构成，位于口腔内侧，与面部其他骨骼不相连，咬合力较弱。这样的颌骨被称为“原颌”。

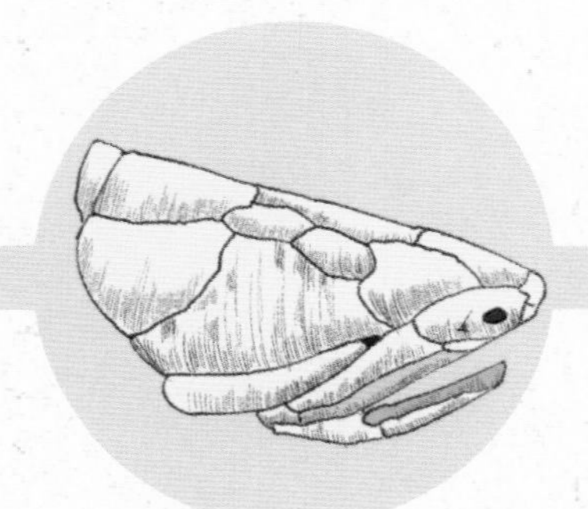

初始全颌鱼的颌骨

生活在 4.36 亿年前的奇迹秀山鱼已经拥有原始但完整的颌骨结构。约 4.2 亿年前出现的初始全颌鱼也是较早拥有完整颌骨构造的鱼类，它的颌骨由一系列复杂骨片构成，而且被外层的膜质骨片完全地包裹加固。

软骨鱼的颌骨

软骨鱼的颌骨也由软骨构成，但颌骨上覆盖着一层钙盐结晶，就像给颌骨穿上了一层坚硬的铠甲，颌骨强度当然大大增加了。

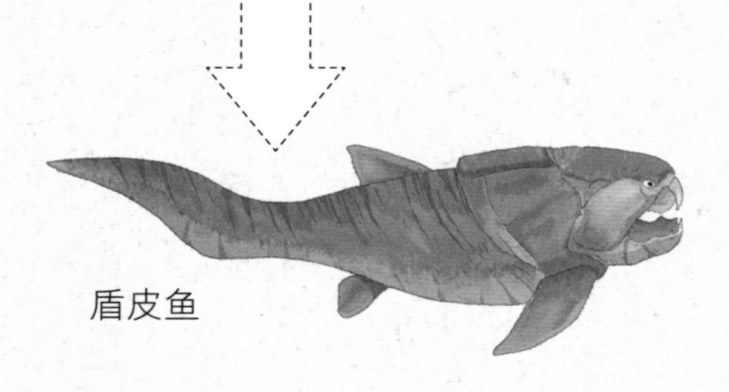

盾皮鱼

软骨鱼

初始全颌鱼	
出现时间	约 4.2 亿年前
地质年代	志留纪晚期
基因组大小	未知
体型大小	体长约 30 厘米

奇迹秀山鱼	
出现时间	约 4.36 亿年前
地质年代	志留纪中期
基因组大小	未知
体型大小	体长约 3 厘米

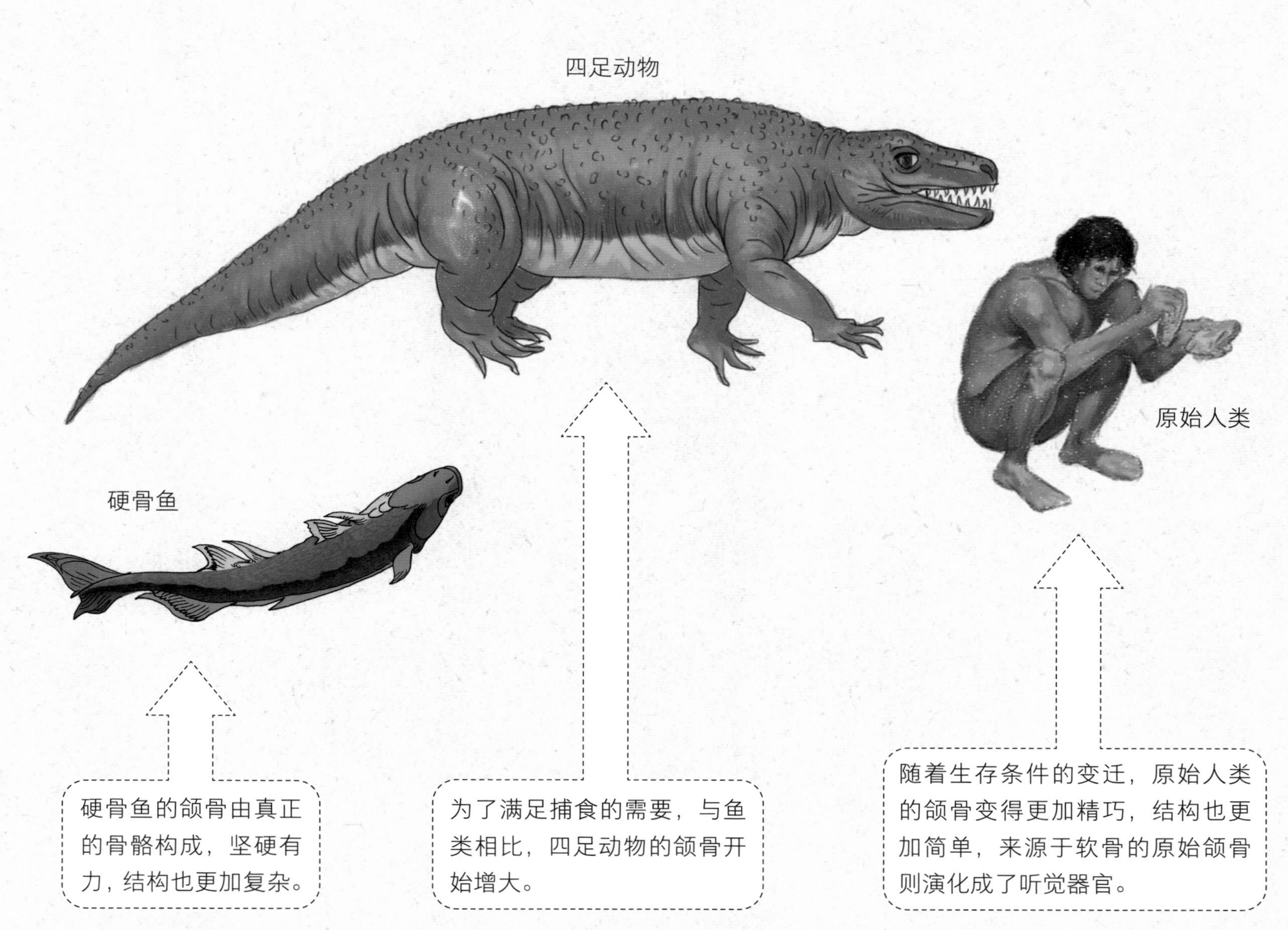

硬骨鱼的颌骨由真正的骨骼构成，坚硬有力，结构也更加复杂。

为了满足捕食的需要，与鱼类相比，四足动物的颌骨开始增大。

随着生存条件的变迁，原始人类的颌骨变得更加精巧，结构也更加简单，来源于软骨的原始颌骨则演化成了听觉器官。

硬骨鱼的颌骨

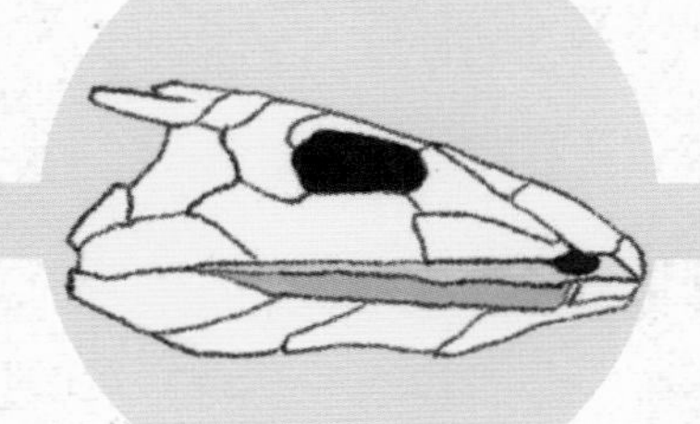

四足动物的颌骨

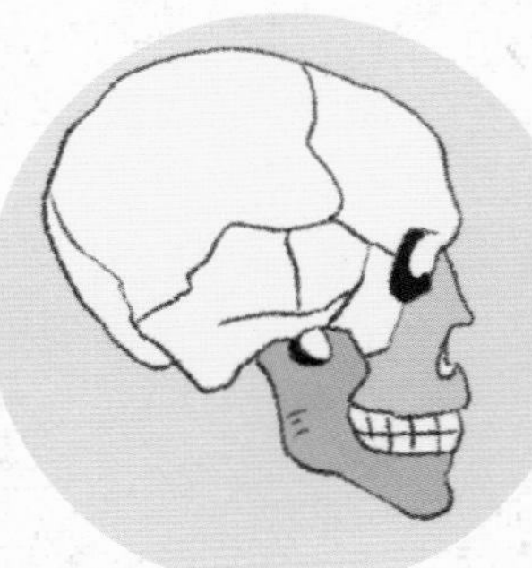

原始人类的颌骨

奇特的颌骨

旋齿鲨是一种早已灭绝的鱼类，构造独特的颌骨让它在一众生物中脱颖而出。旋齿鲨拥有螺旋状排列的牙齿，这些牙齿在上下两块颌骨接合的地方向下向内卷曲成环形。在进食时，旋齿鲨会不停地咬合、松口，那奇特的牙齿就会一边将猎物切成小块，一边像传送带一样把食物送进嘴里。

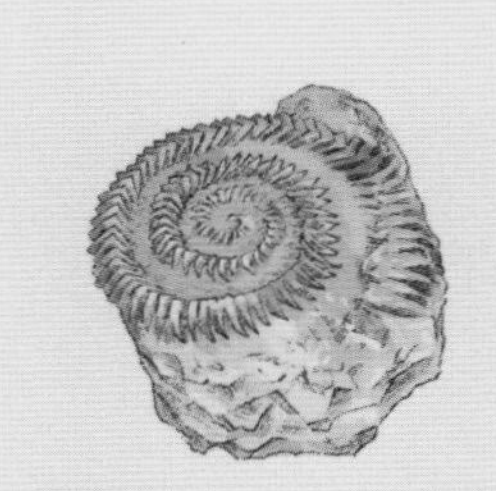

旋齿鲨的牙齿化石

旋齿鲨	
出现时间	约 2.9 亿年前
地质年代	二叠纪早期
基因组大小	未知
体型大小	体长 7.5~12 米

提塔利克鱼

出现时间	约 3.75 亿年前
地质年代	泥盆纪晚期
基因组大小	未知
体型大小	体长 1 ~ 2.7 米

最早爬上陆地的鱼之一，是鱼类和两栖类动物之间重要的过渡物种。

不甘游泳的鱼

在大约 4 亿年前，一场剧烈的地壳运动引起了一系列的环境变化，陆地面积增加，海洋面积减少，海洋中的生存空间被压缩，生存环境恶化，海洋生物面临严峻的考验，开始探索新的生存之道。拥有强健肉鳍的肉鳍鱼无意中发现了海洋之外的另一个空间——陆地，这里辽阔又安全，于是它们不再“甘于”游泳，逐渐成了这片广阔天地的常客。

鱼是怎么爬上陆地的?

鱼类想要登陆，首先得考虑两个问题：一是怎么爬上陆地；二是爬上来之后怎么生存。

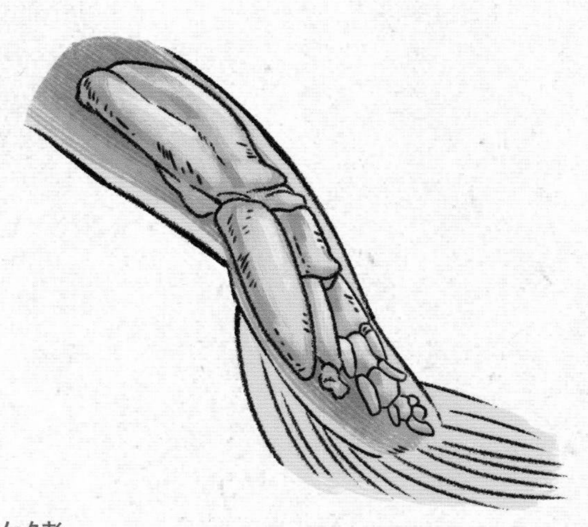

强壮的鳍

鱼在水中游泳不必承受自己的身体重量，而登陆以后它们就得想办法支撑起整个身体。为了生存，肉鳍鱼们开始尝试着用肉鳍在沼泽中爬行。提塔利克鱼的鳍中已经有了原始的腕骨和趾头，虽然还不足以支撑它行走，但承受身体的重量已完全不成问题。

长出脖子

对于生活在水中的鱼来说，前后摇摆的脖子会限制它们在水中快速游动。爬上陆地后，没有脖子意味着想要转头，就必须得移动整个身体，在面对危险时也不占优势。为了适应陆地生活，这些爬上陆地的鱼逐渐演化出脖子。拥有脖子之后，视野增大了不说，它们还可以迅速转头捕捉猎物或及时感知危险。

用鳃呼吸和用肺呼吸的区别

1. 用鳃呼吸

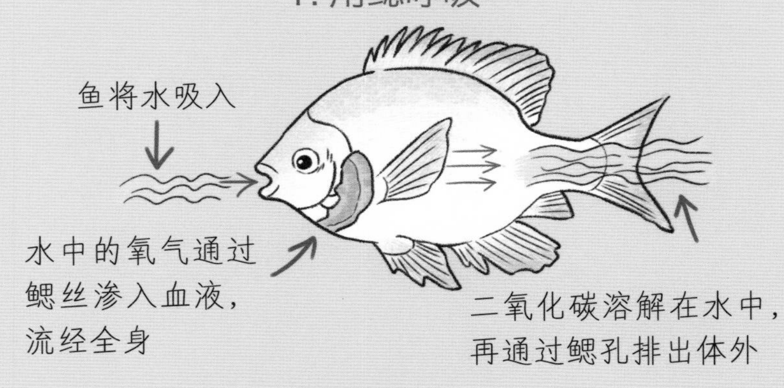

2. 用肺呼吸

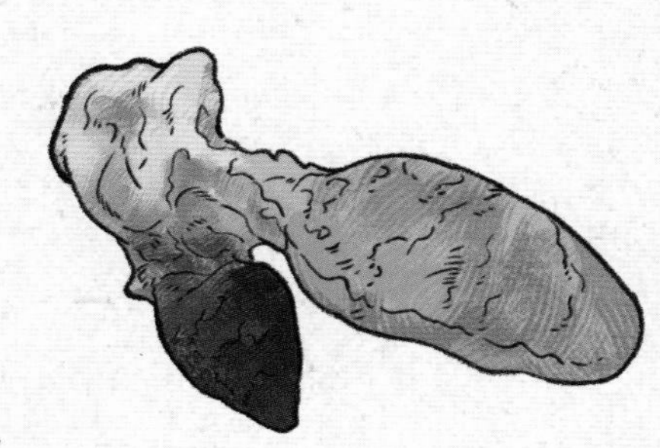

用肺呼吸

在没上岸之前，鱼主要是靠鳃呼吸水中的氧气，登陆后氧气则直接来源于空气。但是，陆地上的氧气含量至少是水中的 20 倍！对于这些登陆的先锋来说，氧气来源的巨大改变也是一个非常严峻的考验。为此，它们长出了原始的肺部：吸入身体的氧气通过肺部渗透到血液中，然后由血液将氧气运送到全身，多余的二氧化碳再从肺中排出。

现在

矛尾鱼的身体粗而长，因为尾鳍中间凸出呈矛状，因此得名“矛尾鱼”。它出现于泥盆纪，一直幸存至今。

矛尾鱼	
出现时间	约 4 亿年前
地质年代	泥盆纪早期
基因组大小	2736Mb
体型大小	体长 1.28~1.8 米

肺鱼是一种很神奇的鱼类，它不仅可以像其他鱼一样用鳃呼吸，而且还拥有会爬行的肉质偶鳍和另一个呼吸器官——肺，因此既可以在水中生活，又可以在陆地生活。与矛尾鱼一样，也是生物界远近闻名的“活化石”。

肺鱼	
出现时间	约 4 亿年前
地质年代	泥盆纪早期
基因组大小	40054Mb（西非肺鱼）
体型大小	体长 1~2 米

3 亿年前

潘氏鱼被认为是两栖动物的祖先，拥有一个扁而宽的大脑袋，双目朝上，比真掌鳍鱼更接近原始四足动物。

潘氏鱼	
出现时间	约 3.85 亿年前
地质年代	泥盆纪中期
基因组大小	未知
体型大小	体长 90~130 厘米

4 亿年前

真掌鳍鱼的身体细长，身上覆盖着圆形的鳞片。它的鳍已经很有力量，能通过用鳍拍打水的方式使身体浮出水面。

真掌鳍鱼	
出现时间	约 3.95 亿年前
地质年代	泥盆纪中期
基因组大小	未知
体型大小	体长约 1.2 米

4.23 亿年前

梦幻鬼鱼是最原始的肉鳍鱼类，生活在海洋中，身上汇集了众多有颌类的原始特征。

梦幻鬼鱼	
出现时间	约 4.23 亿年前
地质年代	志留纪晚期
基因组大小	未知
体型大小	体长约 26 厘米

向上奋进的肉鳍鱼们

生活在 3.75 亿年前的提塔利克鱼也许是第一种能完全离开水域到陆地上活动一会儿的肉鳍鱼。但它并不是第一个做出登陆尝试的肉鳍鱼，在它之前，不少肉鳍鱼都做出过这种尝试，它们的努力为提塔利克鱼的最终登陆铺好了道路。

希氏根齿鱼生活在淡水环境中，长而有力的牙齿、大个头和上吨的体重，让它成为当时的水域王者。

希氏根齿鱼	
出现时间	约 3.6 亿年前
地质年代	泥盆纪晚期
基因组大小	未知
体型大小	体长 7 ~ 8 米

奇异东生鱼是最古老的四足形类肉鳍鱼，在鱼类登陆的过程中起着关键作用。

奇异东生鱼	
出现时间	约 4.09 亿年前
地质年代	泥盆纪早期
基因组大小	未知
体型大小	暂无可靠数据

箐门齿鱼生活在约 4.1 亿年前，下颌前端长着标志性的簇轮状尖牙，在捕猎鱼类时，这些尖牙可以像鱼叉一样刺入鱼的身体。这也让箐门齿鱼成为当时海洋中最凶猛的“杀手”。

箐门齿鱼	
出现时间	约 4.1 亿年前
地质年代	泥盆纪早期
基因组大小	未知
体型大小	体长约 15 厘米

石炭纪

泥盆纪

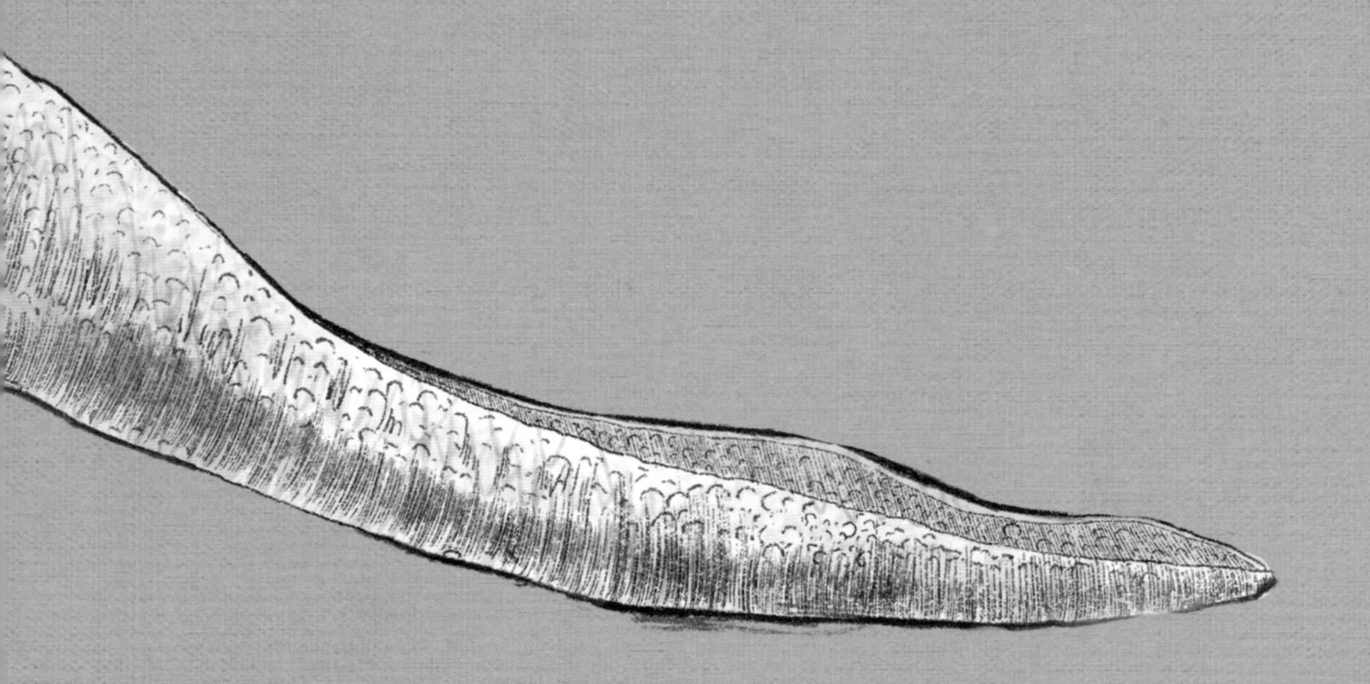

第四篇章

水陆竞自由

随着泥盆纪的结束，地球进入了
新的时期——石炭纪。
这是一个以含氧量丰富著称的时代，
陆地面积成倍增加，气候温暖湿润，沼泽遍布，
生物得到了一个可以放肆生长的机会。
肉鳍鱼们把握时机，成功登上陆地，
开始了新的旅程；
植物和昆虫也不甘示弱，加入了这场狂欢。
陆地上的世界变得更加热闹了。

第一批高大森林形成

泥盆纪末期地球气候的剧烈变化给生物带来了灭顶之灾，陆地上的裸蕨植物面临生死存亡的紧要关头。是在恶劣的环境中想方设法保住性命，还是随波逐流，听天由命？这是一个问题。很不幸，大部分裸蕨植物没有熬过这场劫难，石松类、节蕨类和真蕨类植物则成了这场浩劫中的英雄，它们苦苦挣扎，最终“守得云开见月明”，迎来了石炭纪这个黄金时代。

在湿热气候的帮助下，它们趁机演化出了各种蕨类植物，孕育出了地球上第一批高大的森林，使地球生态系统发生了翻天覆地的变化，也使大批动物的登陆成为可能。

典型的蕨类植物

石松类、真蕨类和节蕨类植物幸存下来后，演化出了各种各样的蕨类植物，鳞木、桫椤和芦木是其中的杰出代表。

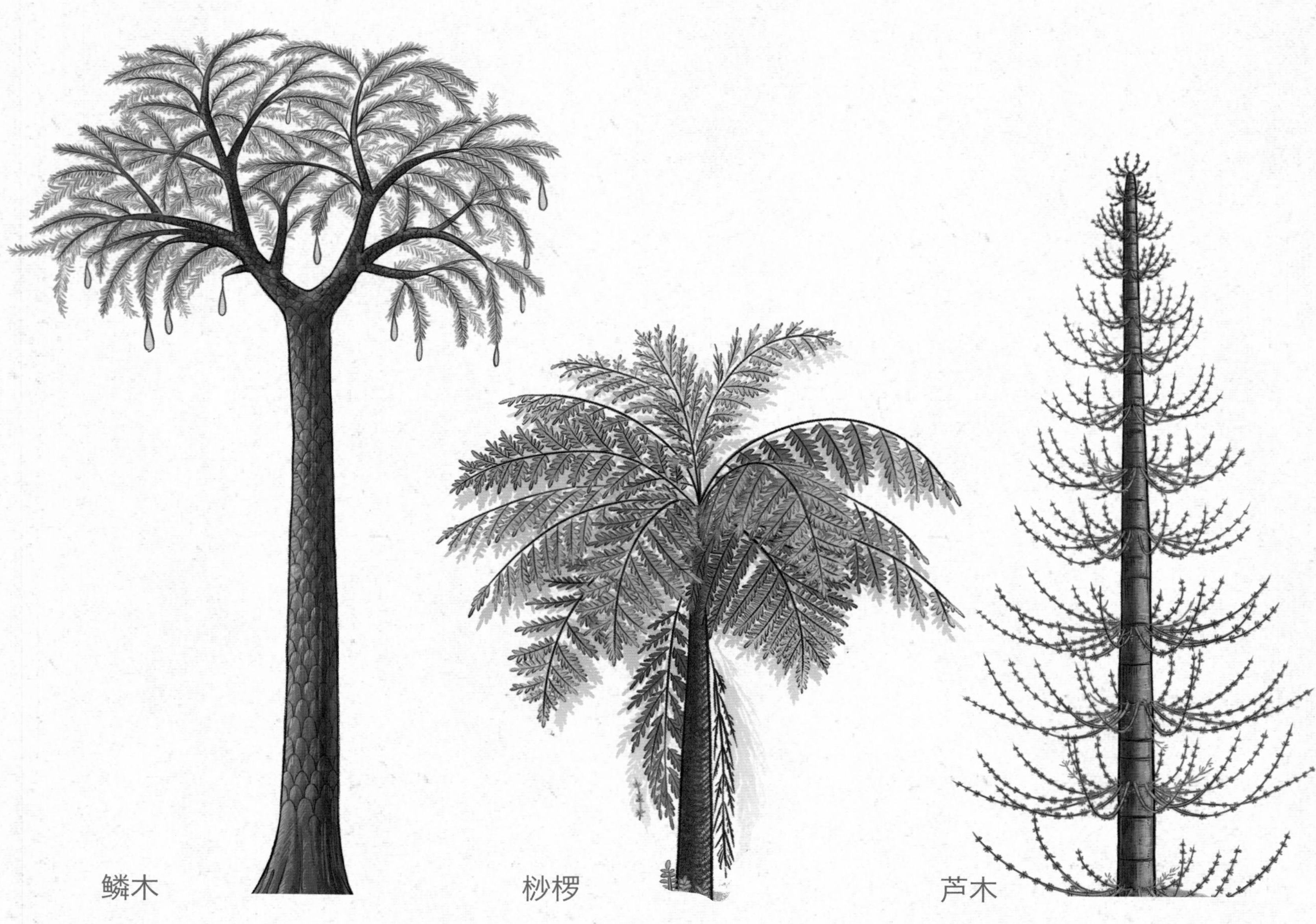

鳞木

鳞木是石松类代表植物，能长 40 米高，已经灭绝。它的叶子脱落之后，枝干表面会留下像鱼鳞一样的痕迹，所以科学家给它取了“鳞木”这个名字。鳞木是重要的成煤原始物料，没有这种植物，现在的煤炭资源可能会大大减少。

桫椤

桫椤是真蕨类植物，名副其实的活化石，从诞生一直存活至今，现在在热带和亚热带地区还能见到这种植物，不过高度和它们的祖先没法比。那时的桫椤，树干粗壮、挺拔，能长到十几米高，虽然比鳞木、芦木略逊一筹，但胜在叶片面积大、密度高，枝叶铺展开像一把大伞一样，所以在争夺阳光的战争中赢得了主动权，脱颖而出，成为当时的主要物种。

芦木

芦木是节蕨类植物中的代表，已经灭绝。它们生长在沼泽中，模样很奇特，主干像竹子一样一节一节的，叶子则围绕主干从中间向外延伸，一层一层的，看起来就像一座宝塔，高度和鳞木不分伯仲，也能长到三四十米。

鳞木	
出现时间	约 3.5 亿年前
地质年代	石炭纪早期
基因组大小	未知
植株高度	可达 40 米

桫椤	
出现时间	3 亿多年前
地质年代	石炭纪
基因组大小	6200Mb
植株高度	可达十几米

芦木	
出现时间	约 3.6 亿年前
地质年代	泥盆纪晚期
基因组大小	未知
植株高度	可达三四十米

石炭纪蕨类植物的特征

有了高大的身躯

高大的身躯是蕨类植物不停向上生长的结果。生活在现代的你可能在野外或者花店里见过蕨类植物，甚至还养过这种矮小的植物。但你可能不知道，这种不起眼的植物在遥远的石炭纪是植物界当之无愧的王者，它们可以长成腰围粗 6 米、高三四十米的大家伙。如果你现在想在室内养一棵那样的植物，首先得准备一栋超过十层楼高的房子。

有了真正的根、茎、叶

经过泥盆纪那场生物大灭绝的洗礼，蕨类植物演化出了真正的根、茎、叶，这对它们的生长而言，意义重大。根不仅将它们牢牢“拴”在地上，使它们可以放心向天空伸展，还负责吸收土壤中的水分和营养物质。叶片主要负责获取阳光，通过光合作用合成有机物质。茎负责“上传下达”，将根吸收的水分和营养物质向上输送，将叶片进行光合作用的产物向下输送。这些器官分工合作，蕨类植物抓住难得的良机，向上生长，生长，生长！

昆虫长出翅膀

从古翅到新翅

为了更好地在林间生活，昆虫率先演化出了翅膀，成为石松、节蕨、真蕨组成的茂密森林中第一批“空中客人”。昆虫最初的翅膀无法折叠，不仅行动不便，还容易受伤。为了更好地适应环境，昆虫逐渐演化出了可以折叠的翅膀，觅食和躲避天敌的能力也随之增强。

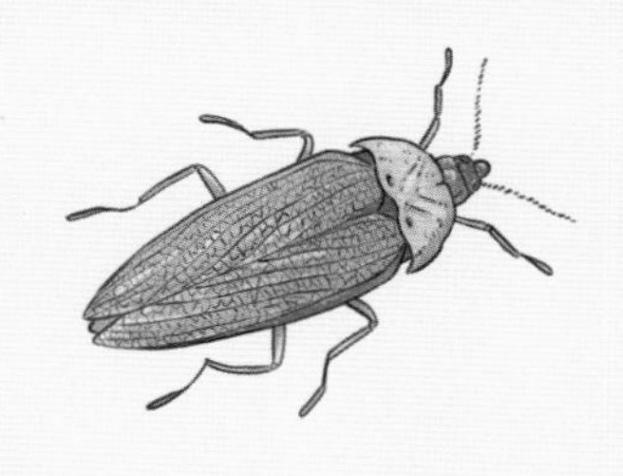

巨脉蜻蜓

石炭纪的昆虫不像现在的昆虫一样不起眼。巨脉蜻蜓是当时昆虫界的代表，也是空中霸主，翼展可达七十多厘米。

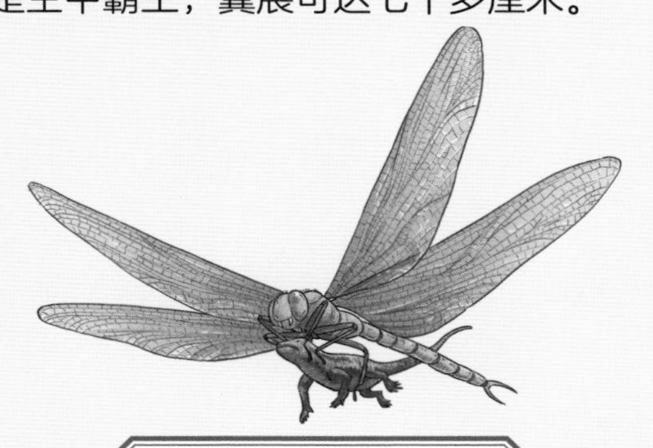

巨脉蜻蜓	
出现时间	约 3 亿年前
地质年代	石炭纪晚期
基因组大小	未知
体型大小	体长超过 2 米

两栖动物统治地球

经过反复的尝试和不懈的努力，肉鳍鱼成功登陆。但它们并没有停止演化，为了适应陆地环境，争取更大的生存空间，它们的身体形态发生了变化，可以在水中和陆地来去自由的两栖动物由此诞生，一时风光无两。

两栖动物的特征

鱼石螈

鱼石螈是已知最早的两栖类动物之一，身体同时具有鱼类和两栖动物的特征。

鱼石螈	
出现时间	约 3.67 亿年前
地质年代	泥盆纪晚期
基因组大小	未知
体型大小	体长约 1 米

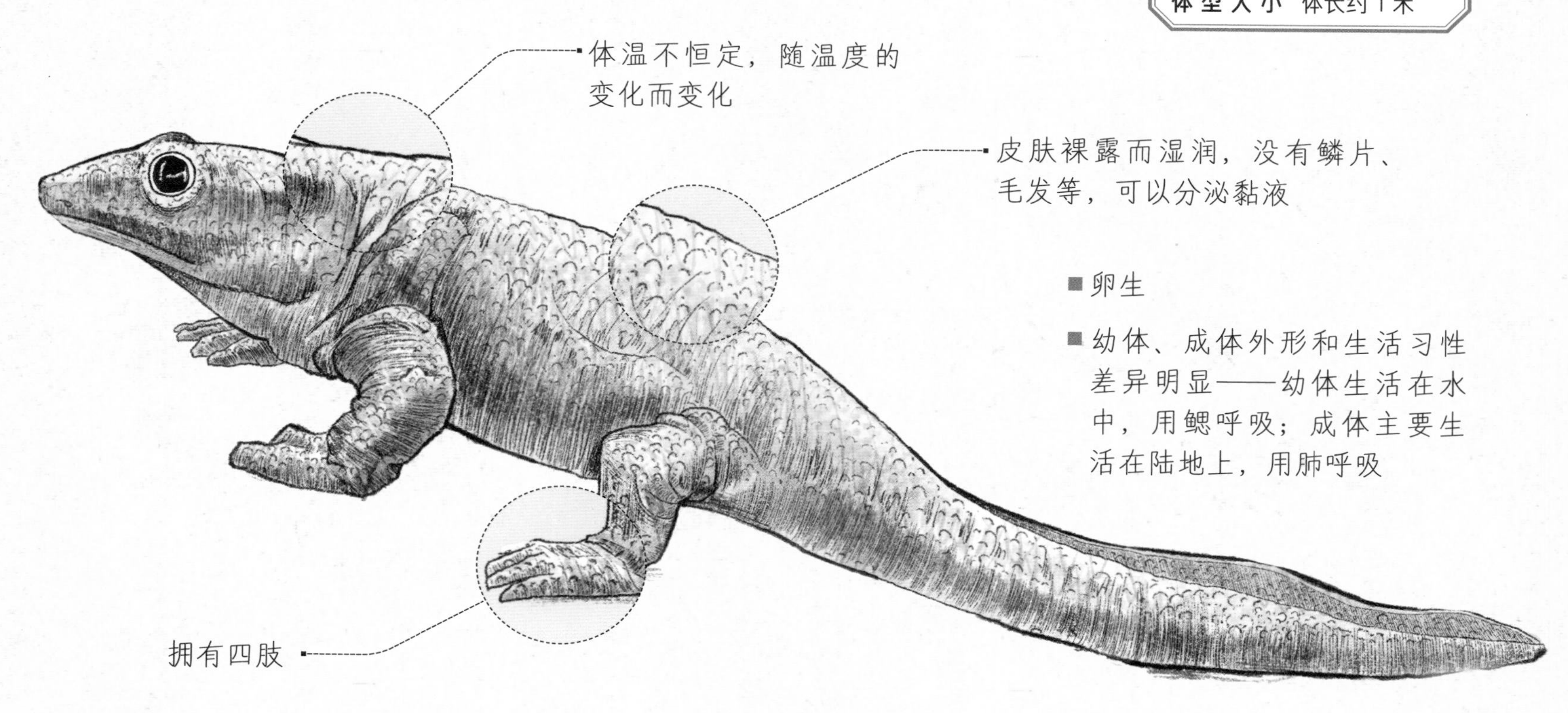

- 卵生
- 幼体、成体外形和生活习性差异明显——幼体生活在水中，用鳃呼吸；成体主要生活在陆地上，用肺呼吸

两栖动物吃什么？

所有的两栖动物都是肉食动物，它们的食物以各种昆虫为主。那个时候，因为空气中丰富的含氧量，昆虫们都长得大而“肥胖”，正好可以满足两栖动物的进食需求。

神奇的皮肤

两栖动物的肺部还不够发达，只用肺呼吸难以满足身体的需求，幸好肺部还有一个好帮手——皮肤。两栖动物的皮肤薄而湿润，因此空气中的氧气可以轻易地穿透皮肤进入体内，这在一定程度上起到了辅助呼吸的作用。这也是两栖动物喜欢生活在潮湿环境中的原因。青蛙冬眠的时候甚至可以完全靠皮肤呼吸，来满足生命活动的需求。

变态发育

变态发育是动物在生长发育过程中，短时间内在形态和生活习性上出现的一系列显著变化。所有的两栖动物都是变态发育，幼体和成体在外形和习性上有明显不同。以青蛙为例，青蛙的幼体是蝌蚪，外形与青蛙截然不同，而且生活在水中，用鳃呼吸。随着发育过程的推进，蝌蚪逐渐长出四肢，成长为青蛙，来到陆地生活，开始用肺呼吸。

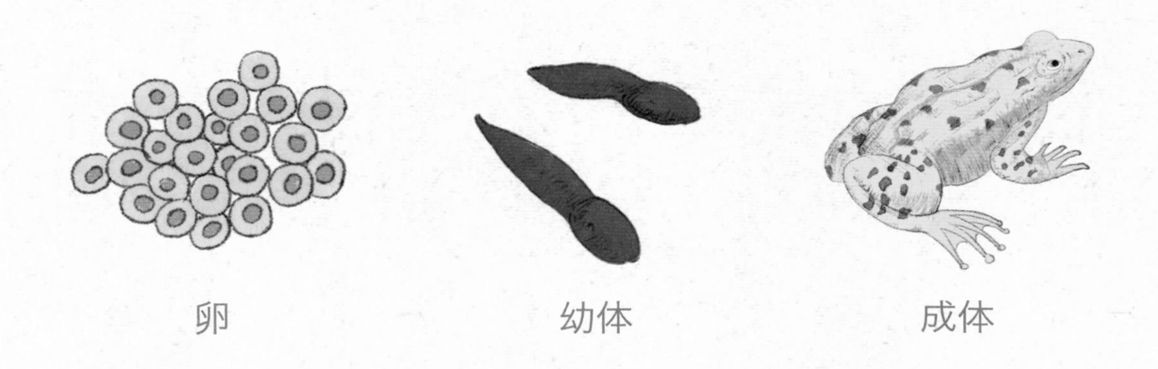

卵　　幼体　　成体

两栖动物的四肢是怎么来的?

两栖动物的四肢由鱼鳍演化而来。鱼鳍内的骨骼不断演化，形态逐渐改变，鱼鳍的力量和灵活性不断增加，最终演化成了四肢。

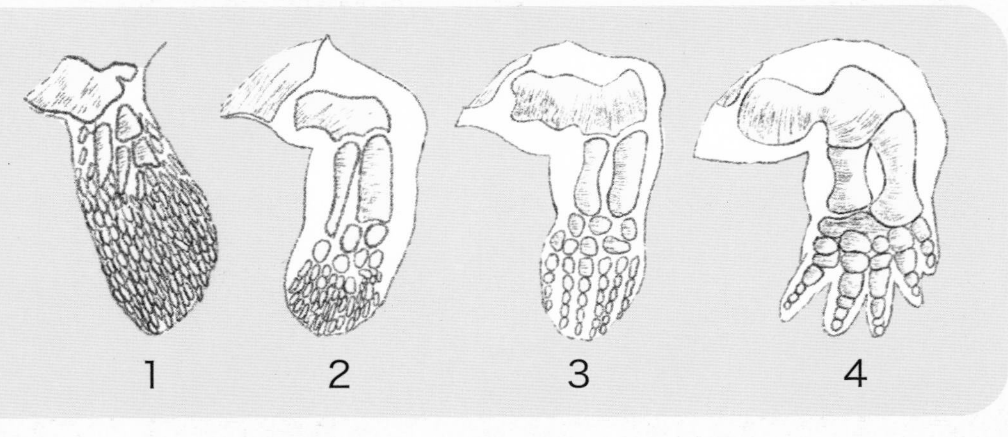

水陆两栖的动物有哪些？

海纳螈

海纳螈是最早登陆的两栖动物之一，可以说是此后所有陆生动物的祖先。它们的脑袋扁圆，嘴巴大而宽阔，牙齿尖而利，主要以捕食鱼类为生。

出现时间	约 3.6 亿年前
地质年代	泥盆纪晚期
基因组大小	未知
体型大小	体长约 1.5 米

太平洋大鲵

太平洋大鲵身上长有美丽的大理石花纹，头部硕大，四肢健壮，拥有一口锋利的牙齿，不仅外表看起来霸气十足，而且性格十分凶猛，咬住猎物就不会轻易松口。

出现时间	约 3.6 亿年前
地质年代	泥盆纪晚期
基因组大小	约 55000Mb
体型大小	体长可达 30 厘米

棘螈

棘螈生活在泥盆纪，已经有了明显的四足，并且长出了脚趾，但尚未完全适应陆生生活，大部分时间仍在水中度过。

出现时间	约 3.6 亿年前
地质年代	泥盆纪晚期
基因组大小	未知
体型大小	体长约 60 厘米

原水蝎螈

原水蝎螈的体型较大，身体构造很适于在陆地上活动，长长的尾巴又使它善于在水中游泳。凭借强而有力的颚部和锋利的牙齿，它们所向披靡，在当时几乎没有对手。

出现时间	约 3.26 亿年前
地质年代	石炭纪中期
基因组大小	未知
体型大小	体长 2.5~3 米

出现时间	约 2.67 亿年前
地质年代	二叠纪中晚期
基因组大小	未知
体型大小	体长约 9 米

普氏锯齿螈

与其他两栖动物相比，普氏锯齿螈是个名副其实的“大个头”，它的体长可达 9 米，身体修长，但是四肢细小，因此可能更适应水中的生活。

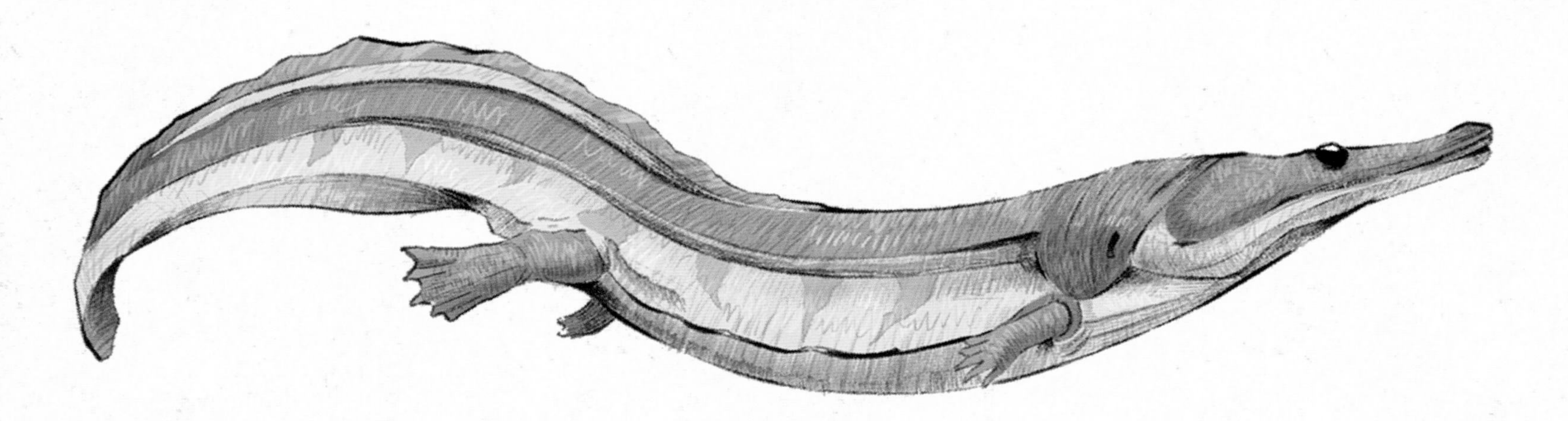

蜥螈

蜥螈也被叫作西蒙螈，体长约 60 厘米。在发现它的幼体化石之前，人们一度认为它是爬行动物，后来发现它的头部具有专门感知水的波动的器官，才确定它是一种两栖动物。

出现时间	约 2.7 亿年前
地质年代	二叠纪中期
基因组大小	未知
体型大小	体长约 60 厘米

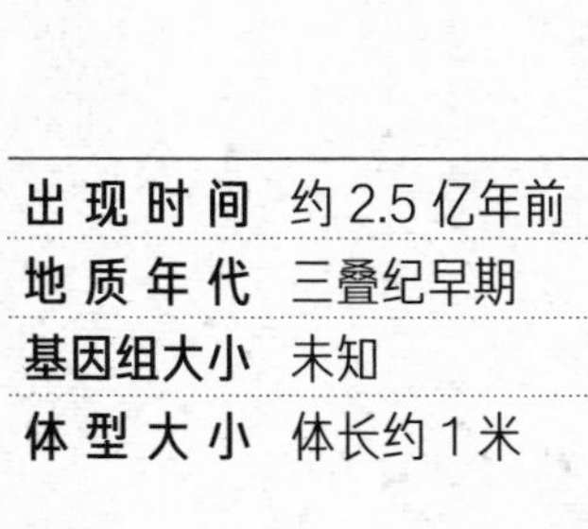

出现时间	约 2.5 亿年前
地质年代	三叠纪早期
基因组大小	未知
体型大小	体长约 1 米

笠头螈

笠头螈的头部看起来像一顶三角形的斗笠，它的名字就由此而来。这种形状的脑袋，可能是为了更好地迎着水游动，也可能是为了自我保护——可不是谁都能吞下一个大大的三角形的！

虾蟆螈

虾蟆螈是三叠纪时期淡水领域的霸主，它们体型很大，能长到 4~5 米，外形看起来就像一只大号的鳄鱼，主要以鱼类为食，有时也吃陆生动物。

出现时间	2 亿多年前
地质年代	二叠纪
基因组大小	未知
体型大小	体长 4~5 米

蟾蜍

蟾蜍的外形与青蛙类似，但背部通常长有带毒腺的疙瘩，看起来丑陋而危险，因为这一点大家常常对蟾蜍避而远之，实际上这些毒腺是它们的自卫武器。

出现时间	约 1.2 亿年前
地质年代	白垩纪早期
基因组大小	2552Mb（巨型海蟾蜍）
体型大小	通常体长 10 厘米左右

青蛙

青蛙是现在最常见的两栖动物之一，早在侏罗纪时期就已经出现。它们种类繁多，主要以昆虫为食，大部分都是消灭害虫的能手。

出现时间	约 1.45 亿年前
地质年代	侏罗纪晚期
基因组大小	2300Mb（高山倭蛙）
体型大小	通常体长 10 厘米左右

三叠纪

二叠纪

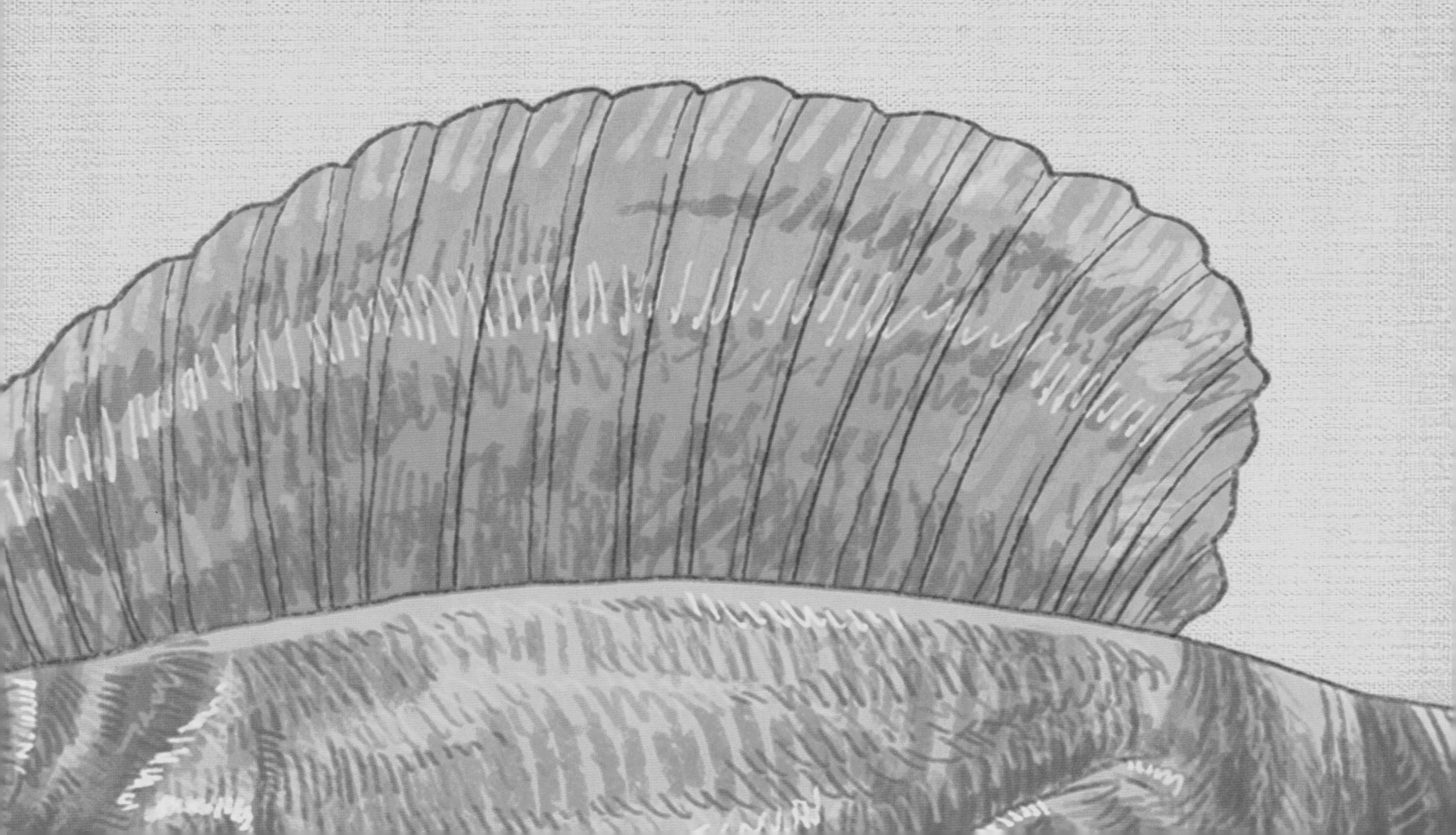

第五篇章

跨界海陆空

地球气候的循环往复决定着
地球生命的盛衰荣枯。
3 亿年前，石炭纪那场关于生长的狂欢
伴随着气候的变化而结束。
气温开始下降，气候变得干燥，
无法完全脱离水而生存的两栖动物和
蕨类植物似乎走到了穷途末路，
新的变革势在必行。
对水的反叛为它们带来了更大的自由，
让它们进入了更广阔的天地，
地球生命第一次真正意义上
占领海陆空。

似哺乳类爬行动物来了

两栖动物虽然非常适应陆地生活，但它们必须在水中产卵和繁殖。逐渐变得寒冷干燥的气候对它们的生存形成了挑战，大多数古老的两栖动物就此消失。幸存下来的两栖动物“分道扬镳”，一支继续沿着两栖动物的方向发展，一支在约 3 亿年前彻底摆脱对水源的依赖，演化成了爬行动物。爬行动物中的一支，因为具备哺乳动物的一些特征，后来演化成了哺乳动物，所以又被称为“似哺乳类爬行动物”。

水龙兽

水龙兽是二叠纪生物大灭绝中少数的幸存者之一。它们体型笨重，四肢短粗，嘴巴像鸟喙，上颌长有两个长长的獠牙，这是它们仅有的牙齿。作为一个素食者，这样的构造可能有助于它们咀嚼粗硬的植被。

出现时间	约 2.6 亿年前
地质年代	二叠纪晚期
基因组大小	未知
体型大小	体长约 1 米

爬行动物和两栖动物的卵生有什么区别？

虽然爬行动物与两栖动物繁育后代的方式都是卵生，但它们的卵生并不相同。两栖动物无法脱离水，只能将卵产在水中，卵在水中孵化，幼体也需要在水中生长。爬行动物的卵生则摆脱了对水的依赖，整个繁育过程都可以在陆地上进行。这主要得益于爬行动物对卵的“更新迭代”——它们的卵是羊膜卵，可以满足胚胎生长发育必需的各种条件。

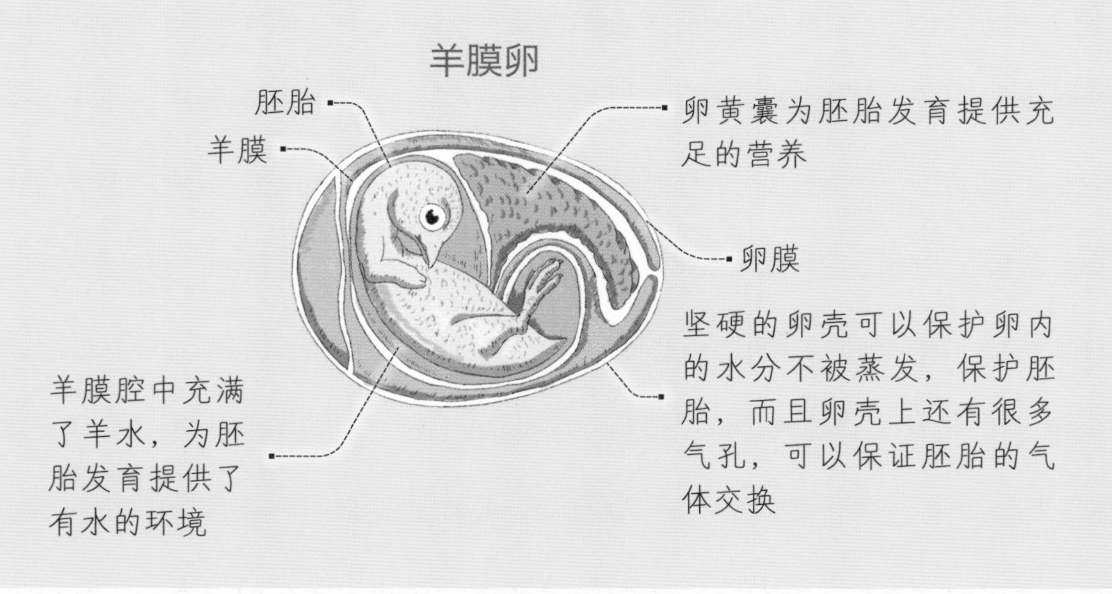

爬行动物的特征

- 四肢位于身体两侧，向外突出，行动时身体左右摆动。
- 体表有装甲或鳞片，防止水分流失。
- 完全用肺呼吸。
- 吞咽进食，不会咀嚼。
- 体温不恒定，能量主要来自阳光照射。
- 繁殖方式为卵生，但卵有壳，整个繁殖过程在陆地上进行，发育时间延长。

异齿龙

异齿龙拥有两种不同的牙齿——巨大的犬齿和有力的臼齿。两种牙齿分工合作，使异齿龙拥有超强的捕食能力，令其他动物闻风丧胆。在外形上，异齿龙最突出的特点是背部有高达 1 米的背帆，为此它还得到了另一个名字——帆背龙。背帆可以帮助异齿龙快速调节体温，使它们拥有更强的环境适应能力。

出现时间	约 2.8 亿年前
地质年代	二叠纪早期
基因组大小	未知
体型大小	体长约 3.5 米

似哺乳类爬行动物

似哺乳类爬行动物是哺乳动物的祖先，后来由它们演化出了最早的哺乳动物。

始祖单弓兽

始祖单弓兽是目前已知最早的似哺乳类爬行动物之一。它们拥有锋利的牙齿和强壮的下颌，嘴巴能张得很大，可以轻松地撕咬猎物，一度成为陆地的主宰。

出现时间	约 3.06 亿年前
地质年代	石炭纪晚期
基因组大小	未知
体型大小	体长约 50 厘米

基龙

基龙是最早以植物为食的似哺乳类爬行动物，体型庞大，体长最长 3.5 米，和异齿龙一样，背部长有高大的背帆。它们的背帆就像一个空调：太阳出来的时候照在背帆上，背帆的血液会被晒热，这里的血液流到身体其他部位后，它们的身体就能暖和起来；如果体温过高，背帆朝向迎风的方向，这里的血液流向身体，温度就能降下来。

出现时间	约 3.03 亿年前
地质年代	石炭纪晚期
基因组大小	未知
体型大小	体长 1~3.5 米

锯颌兽

锯颌兽是晚二叠纪的一种中型肉食性动物，巨大的犬齿是它们的突出特点。

出现时间	约 2.6 亿年前
地质年代	二叠纪晚期
基因组大小	未知
体型大小	体长约 1.5 米

原犬鳄龙

原犬鳄龙是一种水栖动物，尾巴灵活，四肢有蹼，在水中游动的时候身体左右扭动，有蹼的四肢可以像船桨一样划水。

出现时间	约 2.6 亿年前
地质年代	二叠纪晚期
基因组大小	未知
体型大小	体长约 60 厘米

二齿兽

二齿兽是一种植食性动物，四肢粗壮，脖子和尾巴都很短。它们的上颌有两颗突出的犬齿——这可能是它们用来将植物连根拔起的工具，除此之外没有其他牙齿，这是“二齿兽”这个名字的由来。

出现时间	约 2.56 亿年前
地质年代	二叠纪晚期
基因组大小	未知
体型大小	体长约 1.2 米

始巨鳄

始巨鳄拥有一个大脑袋，头骨大而重，是一种大型的肉食性动物。它们的牙齿数量不多，但已经开始长出大型犬齿，嘴巴的咬合力也很强。

出现时间	约 2.55 亿年前
地质年代	二叠纪晚期
基因组大小	未知
体型大小	体长 2.5~6 米

狼蜥兽

狼蜥兽体型巨大，有的体长达 4 米左右，跟现代犀牛的大小差不多，却比犀牛灵巧，有着像利剑一样的牙齿和强壮的肌肉，是当时陆地上的顶级掠食者。

出现时间	约 2.51 亿年前
地质年代	三叠纪早期
基因组大小	未知
体型大小	体长 1~4.3 米

巨型兽

巨型兽生活在三叠纪早期，是一种大型的肉食性似哺乳类爬行动物。

出现时间	约 2.5 亿年前
地质年代	三叠纪早期
基因组大小	未知
体型大小	体长约 2.8 米

犬颌兽

犬颌兽是一种凶猛的食肉动物，大小和外形与狗相似。它们体格健壮，头骨较大，颌部的咬合力很强，拥有三种不同的牙齿——用于切割的门齿、用于戳刺的犬齿和用于碾磨的颊齿。

出现时间	约 2.45 亿年前
地质年代	三叠纪早期
基因组大小	未知
体型大小	体长约 1 米

三瘤齿兽

三瘤齿兽体形较小，以植物为食，已经具备很多哺乳动物的特征。

出现时间	约 2 亿年前
地质年代	侏罗纪早期
基因组大小	未知
体型大小	体长约 30 厘米

真爬行动物称霸三叠纪

在二叠纪末期，环境再次发生剧烈的变化，为众多地球生命带来了灭顶之灾，似哺乳类爬行动物也开始衰败，这为包括恐龙在内的真爬行动物提供了机会。它们发展迅速，种类繁盛，遍布于海洋、陆地、天空。一时间，地球上到处都是它们的身影。

低调的远祖

与“张扬”的真爬行动物相比，它们的祖先显得低调很多，外形平平无奇，也没有什么令人惊叹的本领，但没有它们，就没有日后繁盛的真爬行动物家族。

加斯马吐龙

加斯马吐龙是最原始的主龙类，虽然可以在陆地上行走，但大部分时间还是待在水中。它们具有很强的攻击性，可能是鳄鱼的始祖。

出现时间	约 2.5 亿年前
地质年代	三叠纪早期
基因组大小	未知
体型大小	体长约 2 米

林蜥

林蜥是目前已知的最古老的爬行动物，也是最早完全适应陆地生活的脊椎动物，外表与现代蜥蜴十分相似。

出现时间	约 3.15 亿年前
地质年代	石炭纪晚期
基因组大小	未知
体型大小	体长约 20 厘米

油页岩蜥

出现时间	约 3.02 亿年前
地质年代	石炭纪晚期
基因组大小	未知
体型大小	体长约 40 厘米

油页岩蜥的外形与蜥蜴相似，但四肢更长，擅长攀登，主要以昆虫和其他小型无脊椎动物为食。地球上很多小型爬行动物都是它们的后裔。

鳄鱼的祖先

派克鳄

派克鳄是一种小巧灵活的爬行动物，身长约 60 厘米，以昆虫和其他小型动物为食。派克鳄大部分时间依靠四肢站立和行走，不过遇到危险时，它也可以只用两条后肢快速奔跑，是最早做两足运动的爬行动物之一。

出现时间	约 2.48 亿年前
地质年代	三叠纪早期
基因组大小	未知
体型大小	体长约 60 厘米

链鳄

链鳄的体长可以达到 5 米，但是脑袋却很小，肩部两侧各有一根长达 40 多厘米的骨刺，看起来很是凶猛，不过脆弱的牙齿决定了它只能做个吃素的大个头。

出现时间	约 2.3 亿年前
地质年代	三叠纪中期
基因组大小	未知
体型大小	体长约 5 米

锹鳞龙

锹鳞龙看起来是个披着一身铠甲的大家伙，实际上以植物为食，吻部扁平，适合掘食林下植物。

出现时间	约 2.28 亿年前
地质年代	三叠纪晚期
基因组大小	未知
体型大小	体长约 3 米

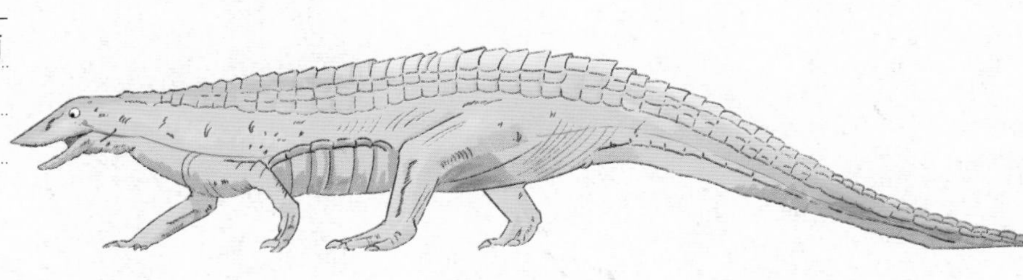

狂齿鳄

狂齿鳄的嘴巴里长了很多锋利的牙齿，这是它捕食猎物的有力武器。它的外形与现代鳄鱼很像，最明显的不同是鼻孔的位置。狂齿鳄的鼻孔在鼻子的后端，也就是靠近眼睛的地方；而现代鳄鱼的鼻孔则相反，在鼻子的前端。

出现时间	约 2 亿多年前
地质年代	三叠纪晚期
基因组大小	未知
体型大小	体长约 3 米

股薄鳄

股薄鳄的身体轻盈，它非常善于奔跑，并且可以用细长的后肢直立奔跑。

出现时间	约 2.3 亿年前
地质年代	三叠纪中期
基因组大小	未知
体型大小	体长约 30 厘米

四川鳄

四川鳄是生活在侏罗纪晚期到白垩纪早期的中国的原始鳄鱼。

出现时间	约 1.5 亿年前
地质年代	侏罗纪晚期
基因组大小	未知
体型大小	暂无可靠数据

会飞的爬行动物

远古时代的天空曾经一度被一种会飞的爬行动物占领，它们就是翼龙。因为名字里带有“龙”字，翼龙常常被误会成恐龙，其实它们并不是恐龙，而是与恐龙有着共同祖先的爬行动物，可以算是恐龙的“表亲”。

沛温翼龙

沛温翼龙是最原始的翼龙之一，主要捕食鱼类和昆虫。虽然它们已经飞上了天空，但依然保持着强壮的后肢，可以很好地在陆地行走。

出现时间	约 2.3 亿年前
地质年代	三叠纪中晚期
基因组大小	未知
体型大小	翼展约 45 厘米

真双型齿翼龙

真双齿型翼龙有着长长的尾巴和大大的眼睛，在飞行过程中尾巴会笔直地伸出，大眼睛则有助于它们在飞行过程中搜寻猎物。

出现时间	约 2.28 亿年前
地质年代	三叠纪中晚期
基因组大小	未知
体型大小	翼展约 1 米

悟空翼龙

悟空翼龙是一种体型较小的翼龙，身后拖着一条细长的尾巴，头上有头饰。

出现时间	约 1.6 亿年前
地质年代	侏罗纪晚期
基因组大小	未知
体型大小	翼展约 73 厘米

帆翼龙

帆翼龙长着一口锐利的牙齿，以吃腐肉为主，但有些也会捕食鱼类。

出现时间	约 1.37 亿年前
地质年代	白垩纪早期
基因组大小	未知
体型大小	翼展约 5 米

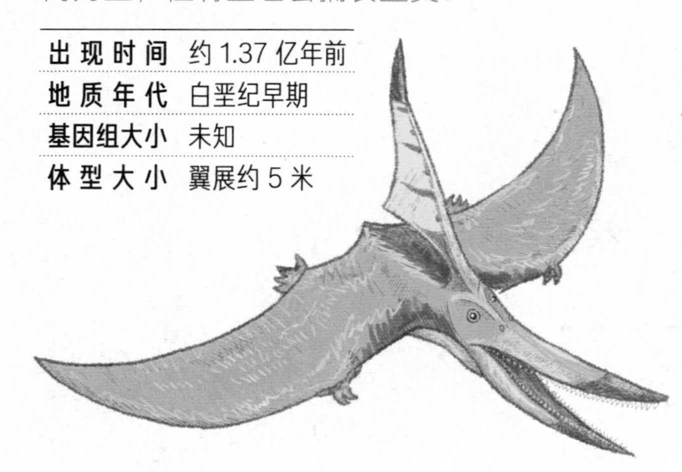

长头无齿翼龙

长头无齿翼龙最大的特点是有一个大大的头冠，但是没有牙齿，是体型最大的翼龙之一。

出现时间	约 9000 万年前
地质年代	白垩纪晚期
基因组大小	未知
体型大小	翼展达 9 米

会游泳的爬行动物

除了会飞，爬行动物中还有相当一部分拥有出色的游泳技能，它们属于海栖爬行动物。

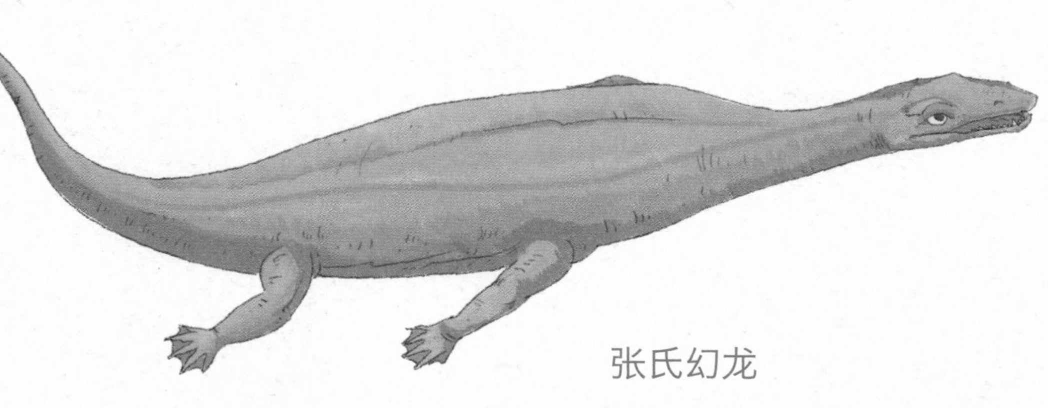

张氏幻龙

出现时间	约 2.4 亿年前
地质年代	三叠纪早期
基因组大小	未知
体型大小	体长 5~7 米

张氏幻龙的脚趾之间长有蹼，身体细长，牙齿尖利，以捕鱼为生，但休息的时候会爬上陆地。

盾龟龙

盾龟龙是地球上最早的海洋爬行动物，虽然外形很像龟，但它和现代龟类之间并没有亲缘关系。

出现时间	约 2.3 亿年前
地质年代	三叠纪中期
基因组大小	未知
体型大小	体长约 90 厘米

鱼龙

鱼龙，顾名思义，它们的外形与鱼相似，并且很擅长游泳。它们是肉食动物，主要以鱼类为食，眼睛是它们定位猎物的主要器官。

出现时间	约 2 亿年前
地质年代	侏罗纪早期
基因组大小	未知
体型大小	体长约 2 米

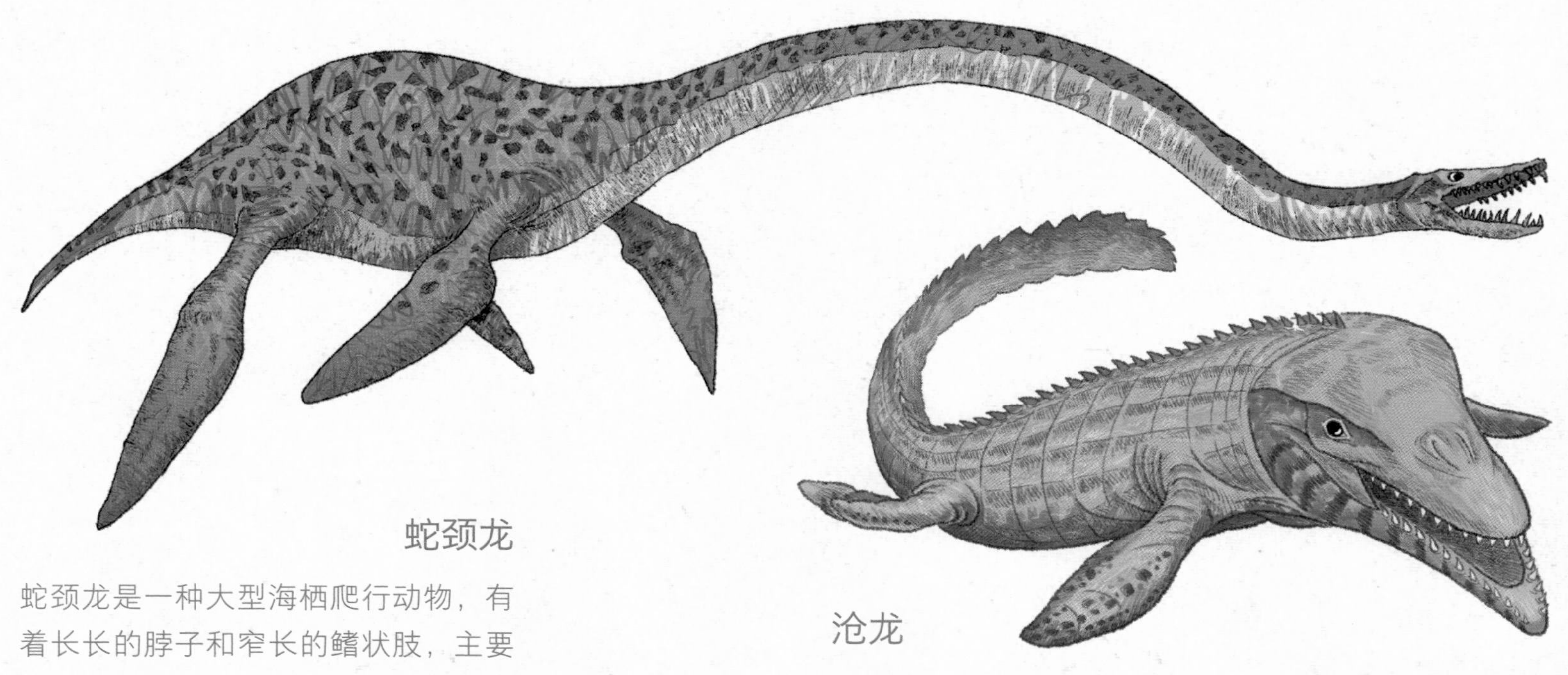

蛇颈龙

蛇颈龙是一种大型海栖爬行动物，有着长长的脖子和窄长的鳍状肢，主要生活在海洋中，但产卵时可能需要爬上陆地。

出现时间	约 2 亿年前
地质年代	侏罗纪早期
基因组大小	未知
体型大小	体长 1.5~15 米

沧龙

沧龙是白垩纪海洋中的顶级掠食者，体型庞大，性格凶猛，牙齿大而尖锐，游动时身体左右扭动，桨状的四肢负责控制方向。

出现时间	约 1 亿年前
地质年代	白垩纪中期
基因组大小	未知
体型大小	体长超过 10 米

新的植物界巨人登场

经历过二叠纪末期的生物大灭绝事件后，蕨类植物一蹶不振，另一类更高级的植物把握住时机，趁势兴起，它们就是裸子植物。这类植物很可能发源于 3.9 亿年前的泥盆纪中期。蕨类植物“一统天下”的时代结束后，气候逐渐变干。更能适应干旱环境的裸子植物终于迎来了属于自己的辉煌，在三叠纪、侏罗纪和白垩纪成为植物界的主力军。

松树	
出现时间	不早于 3.85 亿年前
地质年代	最早在泥盆纪中期
基因组大小	22104Mb（火炬松）
植株高度	通常高 20~50 米

原始的植物巨人——松与柏

松树和柏树是古老而典型的裸子植物，虽然常常被一起提及，但它们是两种不同的植物，最明显的区别是它们叶片的形状。松树的叶片呈针状，柏树的叶片呈鳞片状。松柏的种类很多，至今仍然占据着裸子植物的半壁江山。

来自远古的“活化石”——银杏

银杏的历史最早可以追溯到石炭纪，至今依旧生机勃勃，是植物界有名的“活化石”。

最早的沙漠植物——百岁兰

百岁兰主要生长在沙漠中，虽然看起来有很多叶片，但其实一生只长两片叶子，叶片有数十米长，且终生不落叶。它是一种非常长寿的裸子植物，至今发现的最长寿的一株百岁兰有 2000 岁高龄。

百岁兰	
出现时间	不早于 3.85 亿年前
地质年代	最早在泥盆纪中期
基因组大小	6800Mb
植株高度	通常不超过 20 厘米

银杏	
出现时间	不早于 3.5 亿年前
地质年代	石炭纪
基因组大小	10608Mb
植株高度	通常高 20~40 米

柏树	
出现时间	不早于 3.85 亿年前
地质年代	最早在泥盆纪中期
基因组大小	9096Mb（北美乔柏）
植株高度	一般可达 20 米左右

裸子植物的特点

密集的导管系统

裸子植物演化出了木质部和韧皮部，这些都是密集的导管系统，除了可以运输营养物质和水分，还具有很高的硬度和韧性，这使裸子植物有了强大的防御能力，能够承受剧烈的冲击和振动。

演化出了种子

为了更高效地繁育后代，裸子植物逐渐演化出了种子。因为它们的种子是裸露在外的，所以被称为裸子植物。种子比孢子大很多，有种皮，能储存更多养料，对环境的适应力更强。

高大的身躯

虽然裸子植物的生存环境与石炭纪蕨类植物的生存环境有着天壤之别，但它们并没有自暴自弃，依然长成了高达二三十米的高大身躯。

独特的叶子

裸子植物的叶子通常呈针形或密集层叠的小型鳞片状，这种叶片将耐寒和保存水分的功能发挥到了极致。有了它们，裸子植物才得以在干旱、寒冷的恶劣环境中生存下来。

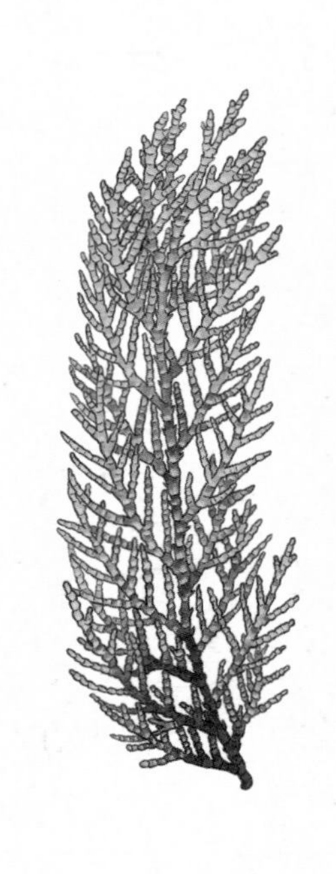

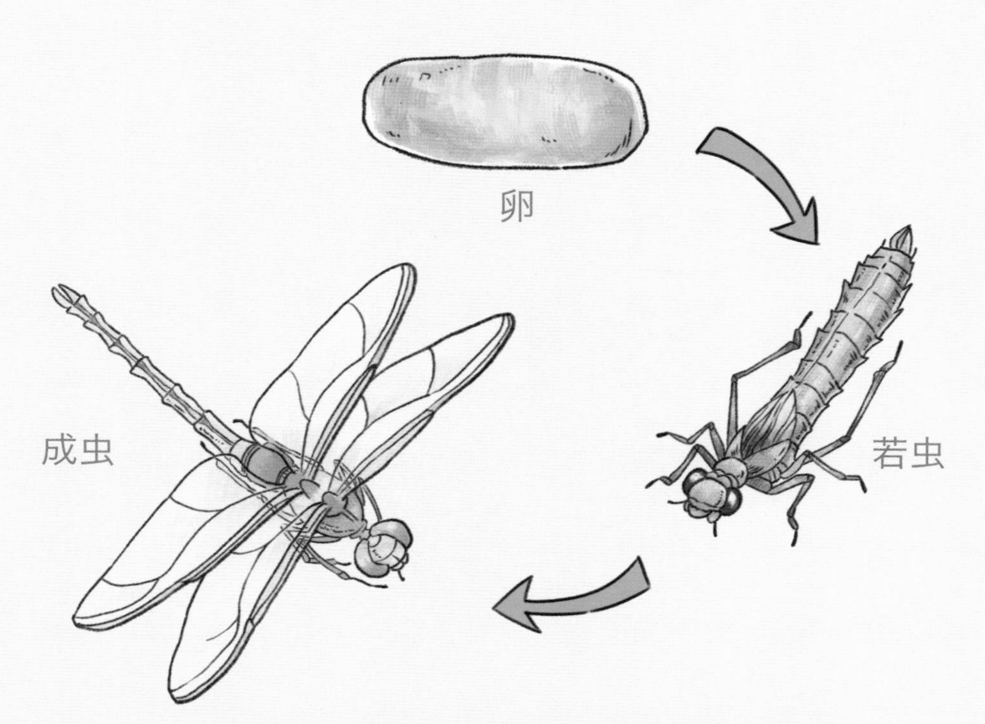

不完全变态昆虫（如蜻蜓）的发育过程需要经历卵、若虫和成虫三个阶段。

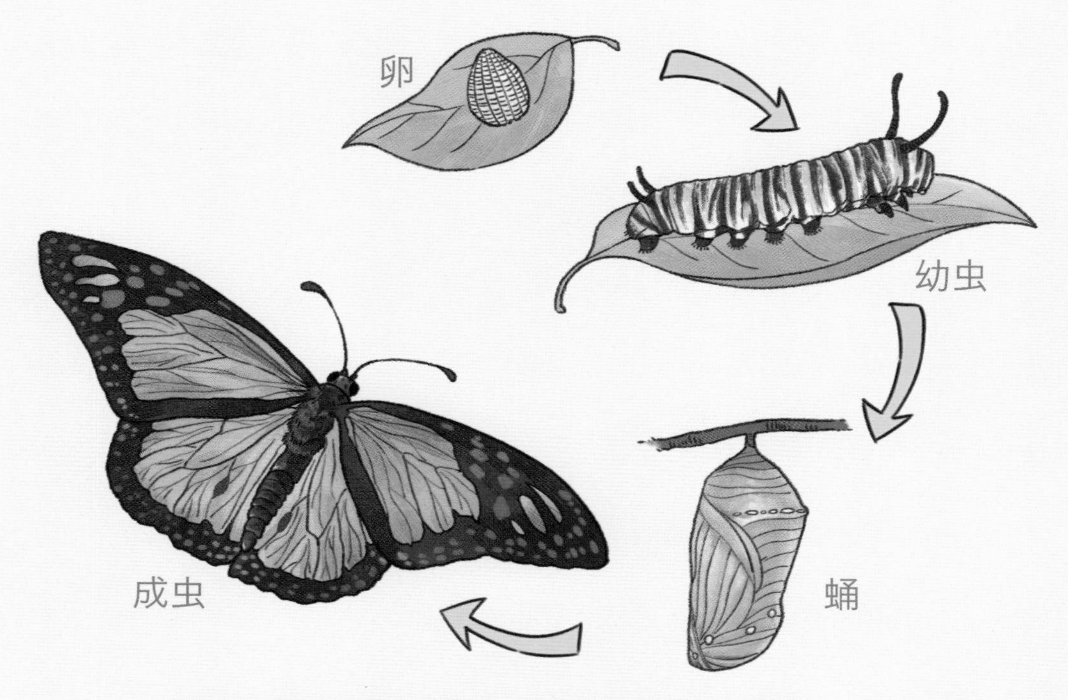

完全变态昆虫(如蝴蝶)的发育过程需要经历卵、幼虫、蛹、成虫四个阶段。

昆虫的变态发育

在植物寻求演化的时候，昆虫也没闲着，也许是为了减少彼此之间的竞争，也许为了躲避其他动物的捕食，它们找到了一种新的生长策略——变态发育。作为变态界的高级玩家，昆虫的变态发育比两栖动物来得复杂，分为不完全变态和完全变态两种。

白垩纪

侏罗纪

三叠纪

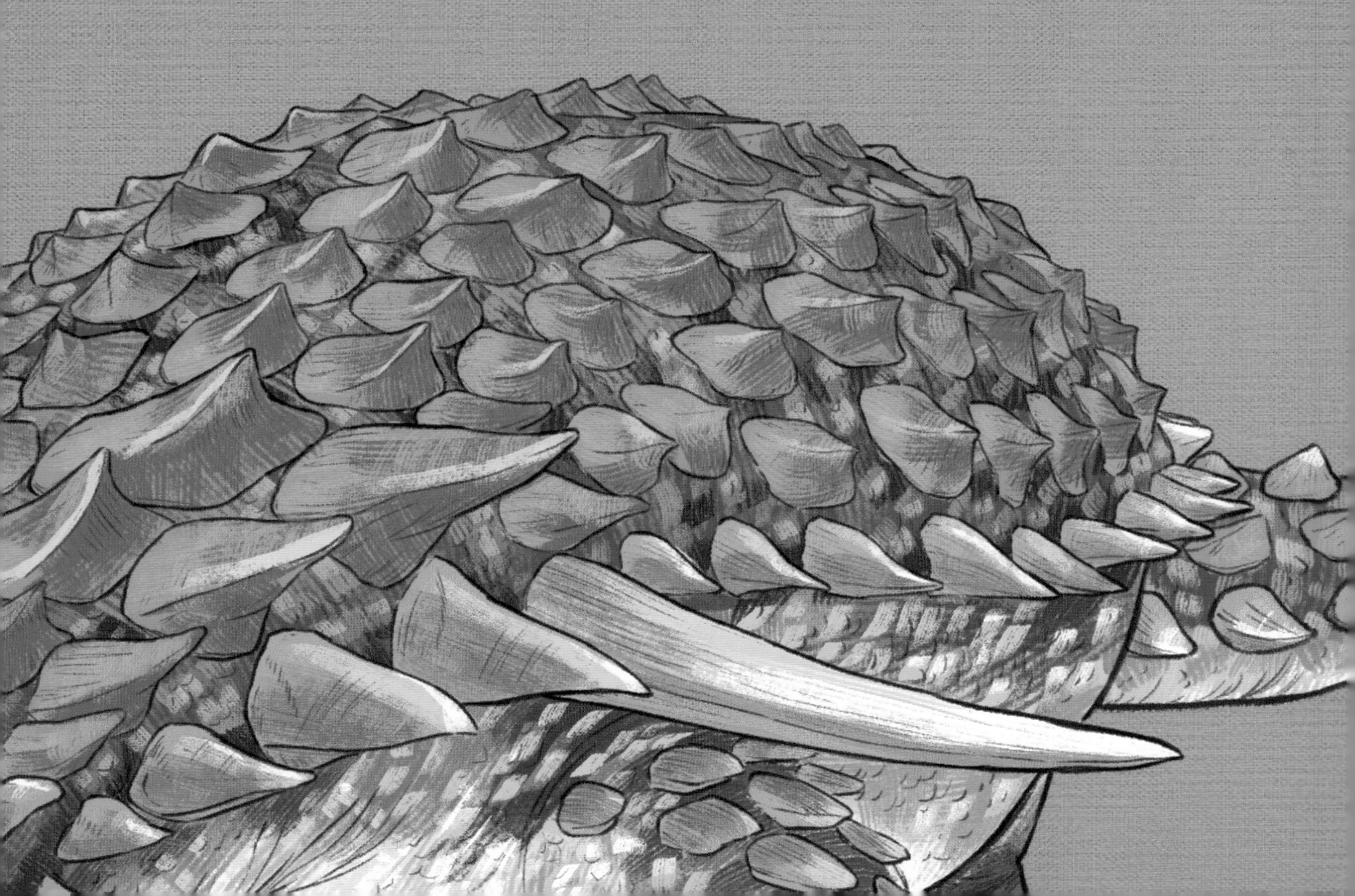

第六篇章

向空中奋进

恐龙是爬行动物中的佼佼者，
从三叠纪的初出茅庐，到侏罗纪的繁荣
昌盛，再到白垩纪的主宰大陆，
这个曾经统治了地球1.6亿年的一代霸主，
是生命演化史中不可忽视的耀眼存在。
当恐龙长出第一片羽毛时，
向空中奋进的号角被吹响了，
鸟类的演化正式开始。

恐龙来了

■与其他爬行动物相比，恐龙最特别的地方在于它们的四肢。

■恐龙的四肢位于身体的正下方，这使得它们拥有完全直立的姿态，在陆地上的行进速度更快。

恐龙最早出现在三叠纪，到了距今 2 亿 ~0.65 亿年前的侏罗纪、白垩纪，气候逐渐稳定，更加适合陆地植物生长。低矮的蕨类长成茂密的灌木林，高大的裸子植物形成郁郁葱葱的乔木林……这些植物为草食恐龙提供了丰富的食源，而肉食性恐龙又以草食性恐龙为食，这一完整的食物链成就了恐龙的发展，这一时期也因此成为恐龙时代。

大部分恐龙都在陆地上生活。科学家根据恐龙后肢和脊柱之间的骨骼连接方式的不同，将恐龙分成了鸟臀目和蜥臀目两大类，鸟臀目恐龙都是食草恐龙，蜥臀目恐龙既有食草恐龙，也有食肉恐龙。

■有的恐龙甚至解放了前肢，仅以后肢行走，前肢用来捕食。

恐龙由什么演化而来？

恐龙的祖先往前可以追溯到鸟颈类主龙——这是一类拥有长长颈部的主龙，也是恐龙和翼龙共同的祖先。后来鸟颈类主龙演化出了一支外形与恐龙很相似的恐龙形态类爬行动物，经过漫长的演化过程，这类爬行动物最终演化成了恐龙。

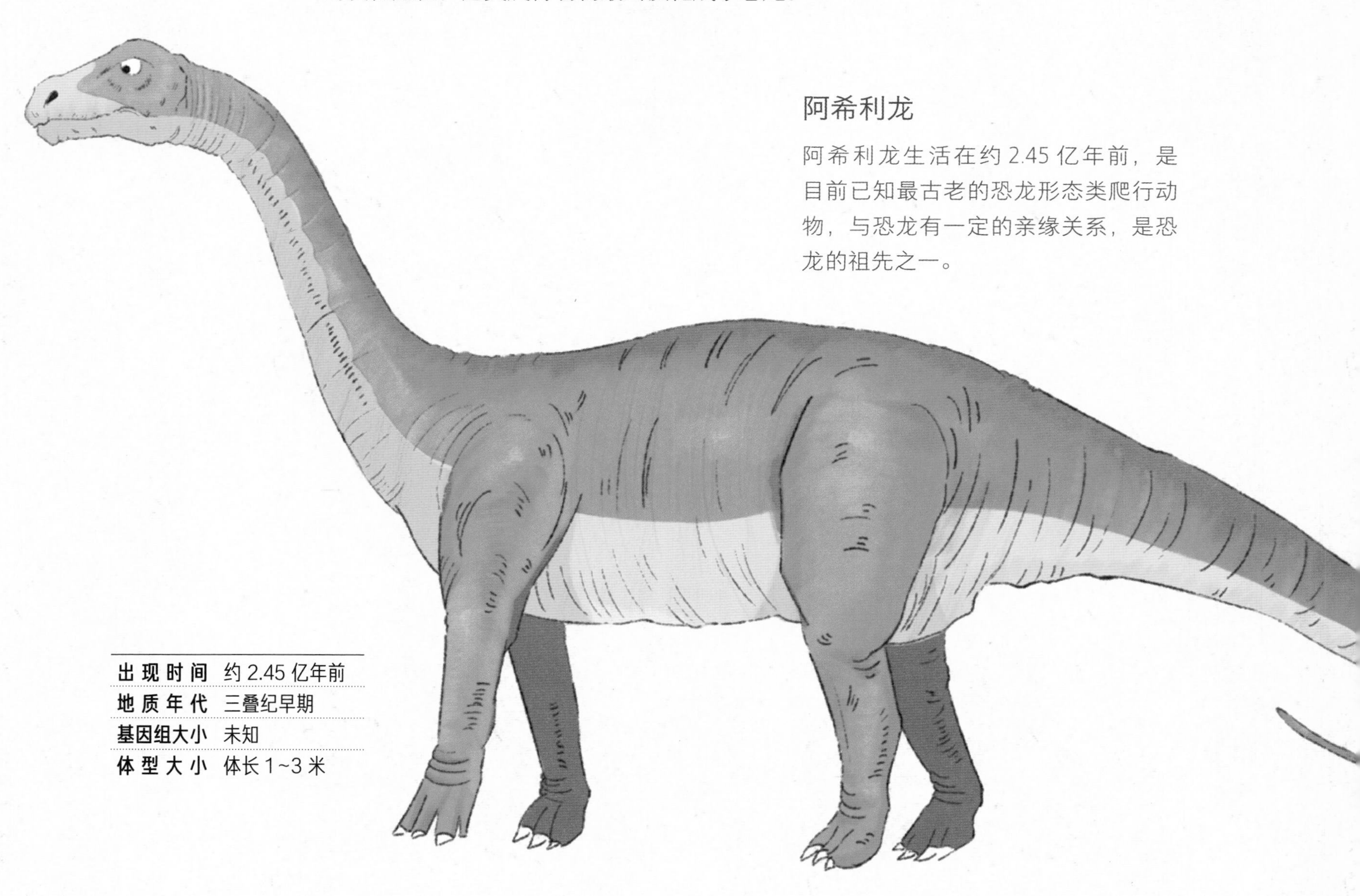

阿希利龙

阿希利龙生活在约 2.45 亿年前，是目前已知最古老的恐龙形态类爬行动物，与恐龙有一定的亲缘关系，是恐龙的祖先之一。

出现时间	约 2.45 亿年前
地质年代	三叠纪早期
基因组大小	未知
体型大小	体长 1~3 米

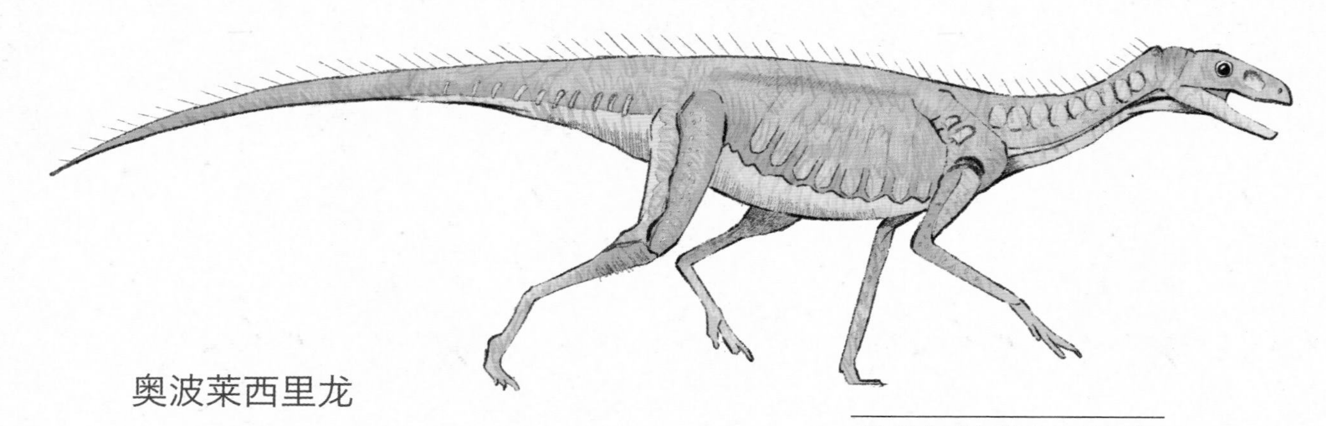

奥波莱西里龙

奥波莱西里龙主要生活在约 2.3 亿年前的波兰，体长 2 米左右，具有很多恐龙祖先的特征，既可以四足行走，也可以两足行走，但它不是恐龙。

出现时间	约 2.3 亿年前
地质年代	三叠纪中晚期
基因组大小	未知
体型大小	体长 2 米左右

出现时间	约 2.34 亿年前
地质年代	三叠纪中期
基因组大小	未知
体型大小	体长约 1 米

始盗龙

始盗龙是最原始的恐龙之一，可能是所有恐龙的祖先。它体型娇小，成年后体长也仅有 1 米左右，后肢很长，前肢只有后肢的一半左右，所以平时主要依靠后肢支撑身体。

恐龙有羽毛吗？

恐龙是否长有羽毛这个问题困扰了科学家很长一段时间。20 世纪 60 年代，科学家在中国辽宁发现了一种带有羽毛痕迹的动物化石，开始他们以为这是一种鸟类的化石，于是将其命名为“中华龙鸟”，但后来证实这是一种恐龙，才最终确认有些恐龙身上确实是长有羽毛的。此后，科学家又陆续在很多恐龙化石中发现了羽毛的痕迹。

食草恐龙

食草恐龙是恐龙家族的重要组成部分，它们是天然的素食主义者和当时植被的主要消费者，同时也是食肉恐龙的重要食物来源。与食肉恐龙相比，食草恐龙的牙齿比较平整，体型更加庞大，而为了支撑起庞大的身体，它们通常四脚着地。

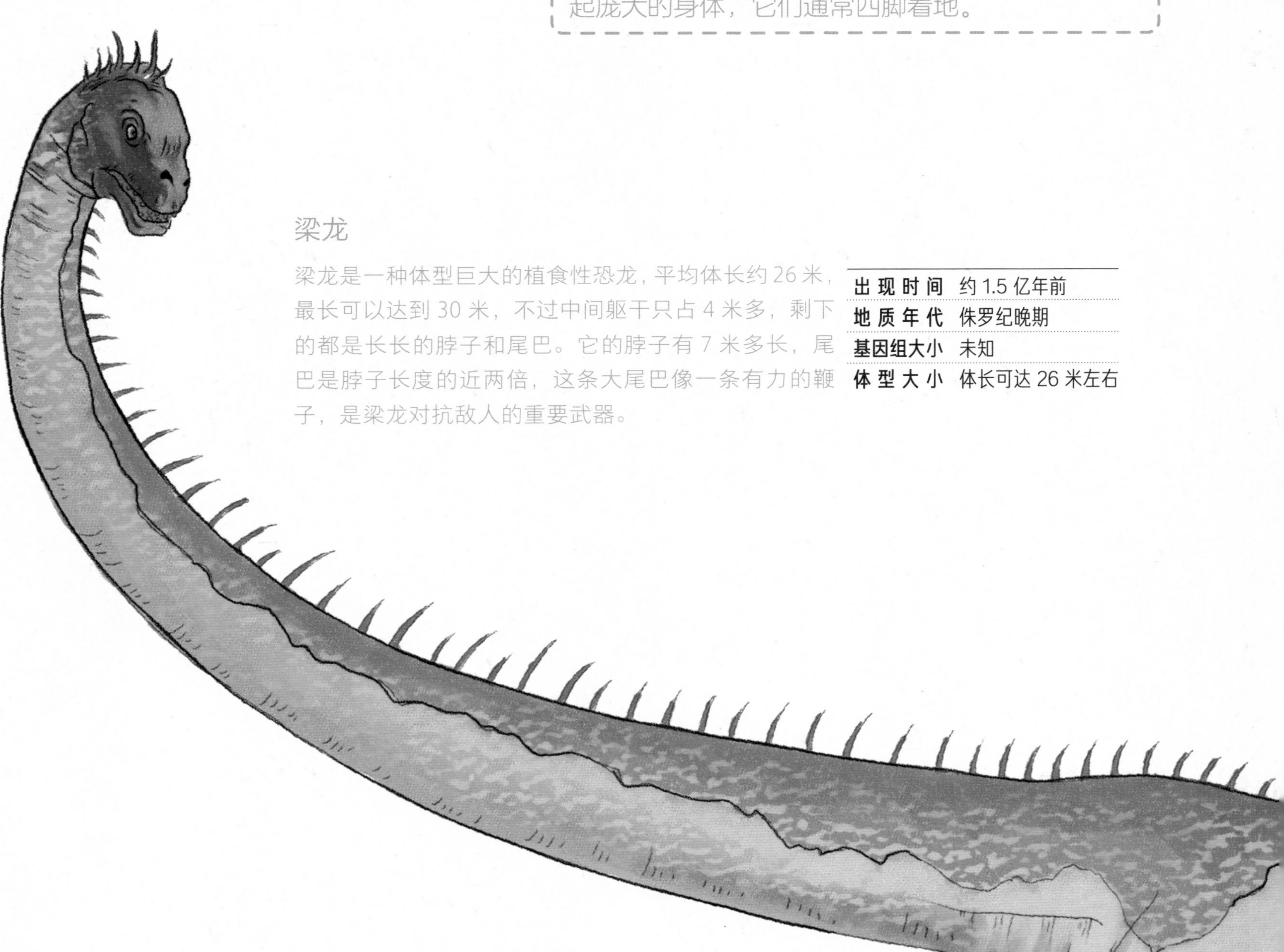

梁龙

梁龙是一种体型巨大的植食性恐龙，平均体长约26米，最长可以达到30米，不过中间躯干只占4米多，剩下的都是长长的脖子和尾巴。它的脖子有7米多长，尾巴是脖子长度的近两倍，这条大尾巴像一条有力的鞭子，是梁龙对抗敌人的重要武器。

出现时间	约1.5亿年前
地质年代	侏罗纪晚期
基因组大小	未知
体型大小	体长可达26米左右

叉龙

叉龙是一种与梁龙同时期的植食性恐龙，但是体型没有梁龙大，体长12米左右。它的颈椎背侧的骨节是“Y”字形的，“叉龙”这个名字就由此而来。

出现时间	约1.5亿年前
地质年代	侏罗纪晚期
基因组大小	未知
体型大小	体长约12米

瑞氏普尔塔龙

瑞氏普尔塔龙的体型巨大，长长的脖子很灵活，可以取食高处的植被。

出现时间	约 7000 万年前
地质年代	白垩纪晚期
基因组大小	未知
体型大小	体长可超 30 米

三角龙

三角龙的头部顶着三个长角。这些角在三角龙幼年时可能很小，到一定阶段会迅速长大。这是三角龙战斗和展示自己魅力的重要工具。

出现时间	约 6800 万年前
地质年代	白垩纪晚期
基因组大小	未知
体型大小	体长约 9 米

甲龙

甲龙体型矮胖，全身覆盖着数百块骨板，就像穿上了一身盔甲。这些骨板是它们用于自我保护的主要工具。

出现时间	约 6650 万年前
地质年代	白垩纪晚期
基因组大小	未知
体型大小	体长约 6 米

食肉恐龙

食肉恐龙在恐龙家族中是少数派，但它们占据着当时食物链的最顶端，主要以食草恐龙为食。为了满足捕猎和进食的需要，它们的牙齿和爪子更加尖利，并且通常保持两脚走路。

异特龙

异特龙是一种大型食肉恐龙，前肢短小，后肢强壮有力，头骨有近 1 米长，嘴巴可以大大地张开，里面长着锋利的锯齿状牙齿。

出现时间	约 1.55 亿年前
地质年代	侏罗纪晚期
基因组大小	未知
体型大小	平均体长约 8.5 米

艾雷拉龙

艾雷拉龙是最早的肉食性恐龙之一，头部很小，后肢修长，善于奔跑，尾巴可以起到平衡作用。

出现时间	约 2.31 亿年前
地质年代	三叠纪中期
基因组大小	未知
体型大小	体长 3~6 米

棘龙

棘龙是最大的肉食性恐龙，也是恐龙家族中的一个另类，它能够下水捕鱼，而且游泳能力极强，又宽又扁的尾巴就像一个船桨一样，让它在水中所向披靡，成了活跃在白垩纪的顶级“渔夫”。

出现时间	约 1.12 亿年前
地质年代	白垩纪中期
基因组大小	未知
体型大小	体长 16~18 米

南方巨兽龙

南方巨兽龙是生活在白垩纪的大型恐龙，头骨很大，粗壮的后肢可以支撑它在短时间内快速移动。

出现时间	约 9300 万年前
地质年代	白垩纪晚期
基因组大小	未知
体型大小	体长约 16 米

霸王龙

霸王龙是恐龙界的“明星动物”，也是最晚灭绝的恐龙之一。它们细小的前肢和柱子般的后肢形成鲜明的对比。一口长而尖锐的牙齿，加上超强的咬合力，让它们成为白垩纪晚期凶猛的“霸王”。

出现时间	约 6850 万年前
地质年代	白垩纪晚期
基因组大小	未知
体型大小	体长约 13 米

揭开恐龙颜色的秘密

恐龙称霸地球的时代早已过去，化石也只留住了恐龙的骨骼和简单的印迹，所以在很长的一段时期内，只能依靠想象和推测去复原它们的真实面貌。直到科学家们在恐龙化石中发现了一种名叫黑素体的物质，才得以真切地还原恐龙的颜色和样貌。目前已经有六种恐龙的颜色被复原了。

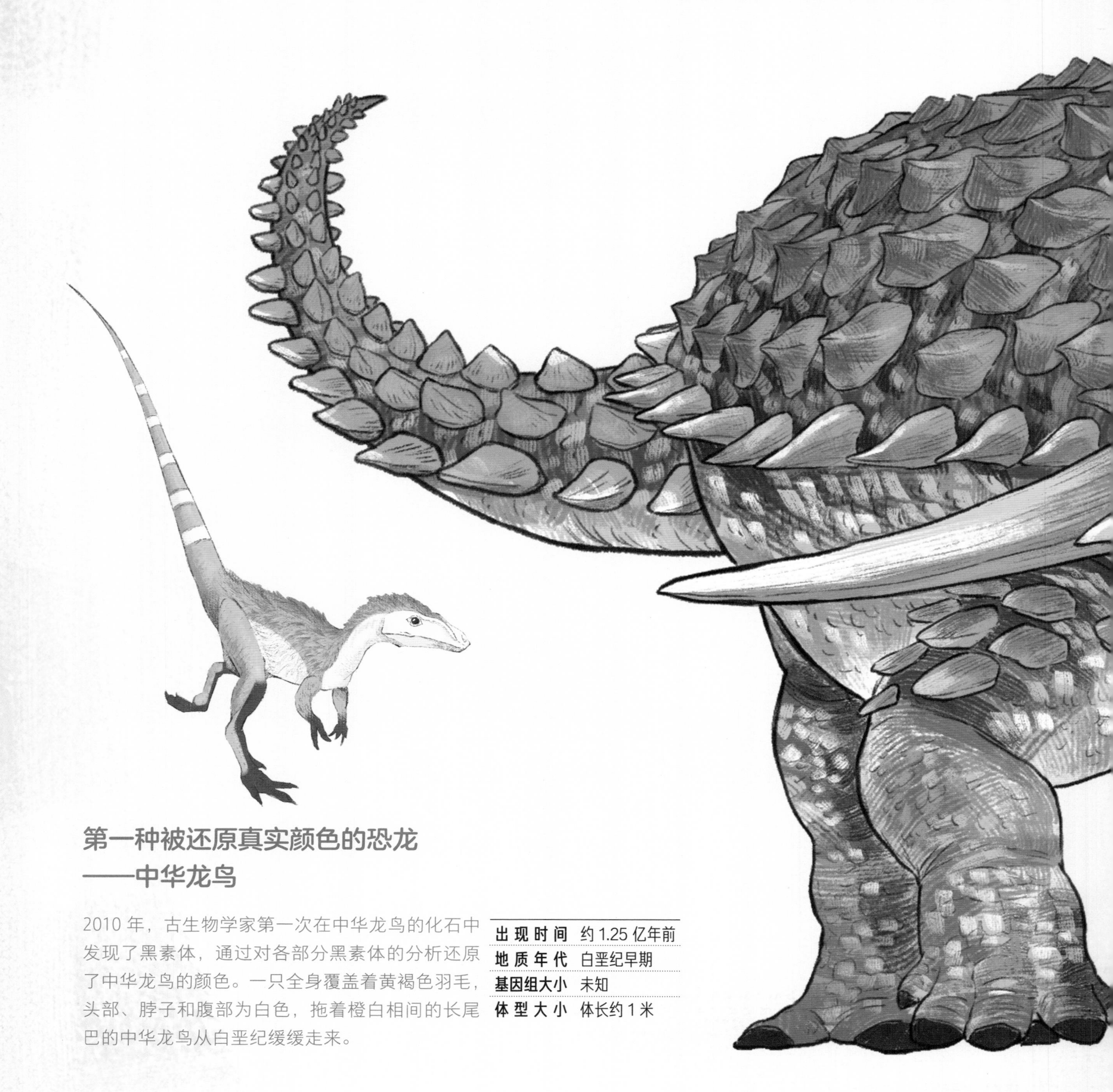

第一种被还原真实颜色的恐龙——中华龙鸟

2010 年，古生物学家第一次在中华龙鸟的化石中发现了黑素体，通过对各部分黑素体的分析还原了中华龙鸟的颜色。一只全身覆盖着黄褐色羽毛，头部、脖子和腹部为白色，拖着橙白相间的长尾巴的中华龙鸟从白垩纪缓缓走来。

出现时间	约 1.25 亿年前
地质年代	白垩纪早期
基因组大小	未知
体型大小	体长约 1 米

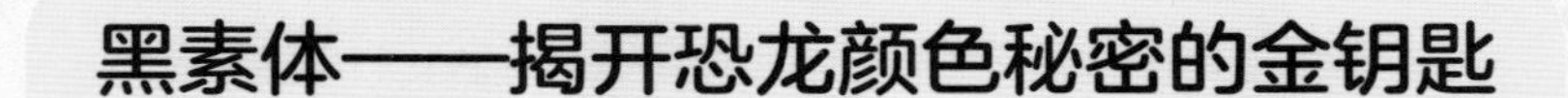

黑素体——揭开恐龙颜色秘密的金钥匙

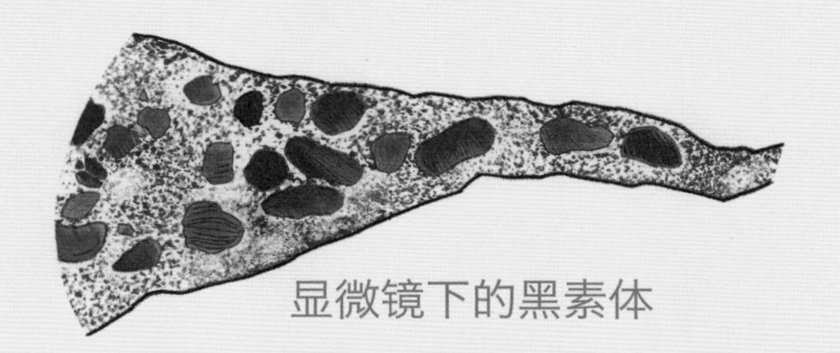

显微镜下的黑素体

黑素体是一种色素颗粒，会因其所产生的黑色素类型的不同而形成不同的颜色。它广泛存在于动物的毛发和皮肤中，决定着毛发和体表的颜色。科学家利用扫描电镜等先进的设备观察恐龙化石中黑素体的大小、形状、分布形态等，可以比较准确地判断出恐龙的真实颜色，还原其真实面貌。

身披铠甲的北方盾龙

北方盾龙用骨片和骨刺将自己武装得严严实实，就像披上了一身铠甲，这身铠甲也让它成为防御能力最强的恐龙之一。北方盾龙的背部颜色偏红，腹部颜色较浅，这是典型的反荫蔽体色，可以降低北方盾龙被天敌发现的可能性，起到保护作用。

出现时间	约 1.1 亿年前
地质年代	白垩纪中期
基因组大小	未知
体型大小	体长约 5.5 米

用彩虹做围巾的彩虹龙

彩虹龙是一种小型且长羽毛的恐龙，还没有现在的喜鹊大。彩虹龙全身的大部分羽毛为黑色，但脖子和胸部的羽毛却拥有像彩虹一样炫目的色彩，像围了一条彩虹做成的围巾，它的名字就是由此而来。

出现时间	约 1.6 亿年前
地质年代	侏罗纪晚期
基因组大小	未知
体型大小	体长约 40 厘米

“戴着红褐色帽子”的近鸟龙

近鸟龙的身体以青灰色为主，前肢和后肢长有较长的黑白相间的羽毛，脸上有红褐色的斑点。不过它最引人注目的还是头顶的红褐色冠羽，远远看起来就像戴了一顶红褐色的帽子。

出现时间	约 1.61 亿年前
地质年代	侏罗纪晚期
基因组大小	未知
体型大小	体长约 34 厘米

黑得五彩斑斓的小盗龙

小盗龙是一种很神奇的恐龙，它的前臂和腿部都有飞羽，就像长了 4 个翅膀，能在空中滑翔。小盗龙全身的羽毛都是黑色的，但这种黑色能在阳光下呈现出绿、蓝、紫等各种金属光泽，是名副其实的黑得五彩斑斓的恐龙。

出现时间	约 1.3 亿年前
地质年代	白垩纪早期
基因组大小	未知
体型大小	体长 42~83 厘米

会隐身的鹦鹉嘴龙

鹦鹉嘴龙主要生活在白垩纪，因为嘴巴的形状像鹦鹉而得名。它整体的颜色为褐色，但各部分有色差，头部为黑褐色，背部颜色深褐色，腹部颜色较浅，四肢还有黑色斑点。这种体色也是反荫蔽体色，能够让鹦鹉嘴龙在其他动物眼中失去立体感，拥有“隐身”的技能。

出现时间	约 1.3 亿年前
地质年代	白垩纪早期
基因组大小	未知
体型大小	体长约 1 米

鸟类飞上天空

恐龙退去鳞甲、长出羽毛，为鸟类的诞生埋下了伏笔。在侏罗纪晚期，原始鸟类终于飞上天空，开启了鸟类对天空的统治。这些原始鸟类仍保留着恐龙的特征，却已经发生了质的变化。它们翱翔天际，以恐龙后裔的身份演变至今，在生命演化史上留下了自己的身影。

鸟类的特点

麝雉

麝雉是现存最原始的鸟类之一，不善于飞翔，身上还保留着部分原始鸟类的特征，被认为是鸟类中的"活化石"。

出现时间	约 4000 万年前
地质年代	古近纪中期
基因组大小	1204Mb
体型大小	体长 60~70 厘米

羽毛变得左右对称，但彼此之间仍然很松散。

羽毛上出现分叉，彼此紧密勾连在一起。

从根部发育出松散的簇状绒毛，原始羽毛形成。

羽毛是怎么来的?

羽毛是从爬行动物身上的鳞片演化而来的，经过漫长的演化过程，才最终成为具有飞行能力的飞羽。

形成不对称的飞羽，外羽片小，内羽片大。

这种开始拉长的中空管状结构是羽毛演化的开始。

神奇的返祖现象

麝雉的幼鸟翅膀顶端生有尖尖的爪趾，可以用它像爬行动物那样进行攀爬。随着幼鸟逐渐长大，这尖爪会逐渐变短，直至消失。因为这对尖爪与早期的鸟类相似，所以有人认为这是一种“返祖”现象。返祖现象是指生物身上出现其祖先的某种生理特征，在多种生物中都曾发生过，比如人类中曾经出现过的“毛孩”就是一种返祖现象。但是返祖现象通常只是一种偶发的“例外”，像麝雉幼鸟这种普遍长有爪趾的现象是否属于返祖现象，尚无定论。

原始鸟类

始祖鸟

始祖鸟是已知最早的鸟类，也是连接恐龙和鸟类的关键过渡物种。始祖鸟化石于 1861 年，即《物种起源》发表两年后在德国被发现，从而有力地支撑了达尔文的演化论学说。

出现时间	约 1.5 亿年前
地质年代	侏罗纪晚期
基因组大小	未知
体型大小	体长约 50 厘米

热河鸟

热河鸟是生活在约 1.45 亿 ~1.25 亿年前的原始鸟类，比始祖鸟更接近现代鸟类。人们曾经以为热河鸟以种子为食，但最新的研究表明，它是一种食果鸟类。

出现时间	约 1.45 亿年前
地质年代	白垩纪早期
基因组大小	未知
体型大小	暂无可靠数据

长翼鸟

长翼鸟是原始鸟类之一，生活时期与热河鸟大致相同，全身最醒目的就是那对长长的翅膀，因此得名“长翼鸟”，飞行能力很强。它的喙笔直修长，里面长着又尖又细的牙齿，捕起鱼来就像鱼叉一样。

出现时间	约 1.45 亿年前
地质年代	白垩纪早期
基因组大小	未知
体型大小	体长约 15 厘米

葛氏义县鸟

葛氏义县鸟化石发现于中国的辽宁义县，已经具备与现代鸟类相似的飞行结构和飞行能力，不过与现代鸟类不同的是，它还长有牙齿。

出现时间	约 1.2 亿年前
地质年代	白垩纪早期
基因组大小	未知
体型大小	体长约 20 厘米

孔子鸟

孔子鸟是第一只没有牙齿的鸟类，生活在约 1.2 亿 ~1.3 亿年前，已经初步具备鸟类的所有特征，不过因为骨骼构造的原因，飞行能力还比较低。

出现时间	约 1.2 亿年前
地质年代	白垩纪早期
基因组大小	未知
体型大小	体长约 40 厘米

辽西鸟

辽西鸟是一种体型娇小的原始鸟类，口内还有牙齿，虽然可以飞翔，但飞行能力应该不强。

出现时间	约 1.2 亿年前
地质年代	白垩纪早期
基因组大小	未知
体型大小	体长约 10 厘米

中国鸟

中国鸟生活在约 1.2 亿年前的白垩纪早期，是一种飞翔能力很强的原始鸟类，属于恐龙到鸟类的过渡形态。

出现时间	约 1.2 亿年前
地质年代	白垩纪早期
基因组大小	未知
体型大小	体长约 15 厘米

会鸟

会鸟在原始鸟类中体型中等，栖息在树上。

出现时间	约 1.2 亿年前
地质年代	白垩纪早期
基因组大小	未知
体型大小	体长30~33厘米

鱼鸟

鱼鸟是一种类似燕鸥的海鸟，翼展可达 60 厘米，生活在距今约 1 亿 ~6600 万年前，非常善于飞翔。

出现时间	约 1 亿年前
地质年代	白垩纪晚期
基因组大小	未知
体型大小	体长约 24 厘米

第四纪

新近纪

古近纪

白垩纪

第七篇章

美丽新世界

8000多万年前，裸子植物的时代逐渐谢幕，
种子植物崛起，
地球上出现了枝繁叶茂、鸟语花香的盛景。
6600万年前，恐龙的时代被撞向地球的
陨石终结，恐龙帝国顷刻化为废墟。
但在此之前，在不起眼的角落里，
新生命的种子已悄然发芽。
伴随着齐放的百花，
一个多姿多彩的新世界即将开启。

百花齐放

随着时间的推进，大自然的魔法悄然改变着这个世界。就在裸子植物称霸植物界的时候，几朵不起眼的小花出现了，很快，它们凭借更先进和高效的繁殖方式终结了裸子植物的时代，在距今约 8000 万年前的白垩纪末期，建立起了被子植物的帝国。

被子植物的特点

开花

被子植物是迄今为止植物界最高级的植物类群，它们演化出了特殊的生殖器官——花，因此又被称为有花植物。“开花”是这类植物最大的特点。

花是从枝条演化而来的，一朵结构完整的花包括花梗、花托、萼片、花瓣、雄蕊和雌蕊6个部分。

结果

被子植物的花朵凋谢后，取代它的是累累硕果，果实中包裹着的是它们的种子。被子植物继承了裸子植物先进的繁殖方式——通过种子繁殖。与裸子植物不同的是，它们的种子包裹在厚厚的果皮中，被牢固地保护着，被子植物这个名字也由此而来。

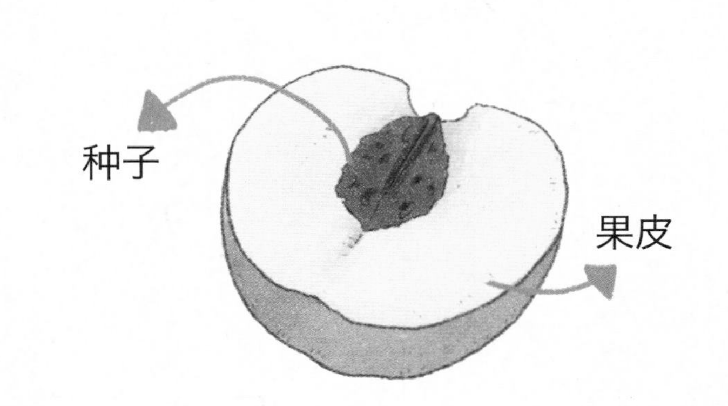

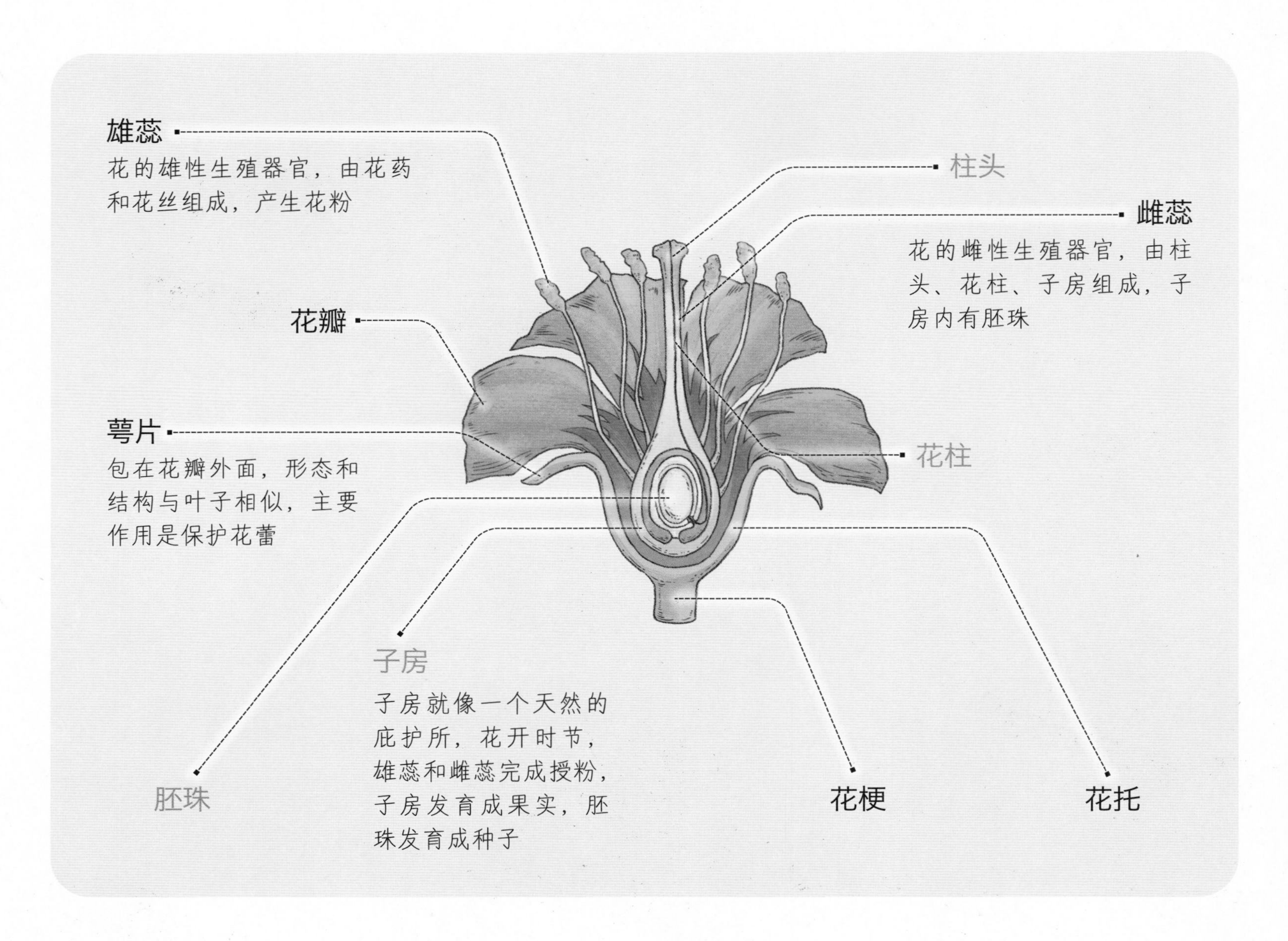

典型的被子植物

从演化时间来看，被子植物分为基部被子植物、单子叶植物、真双子叶植物和木兰类植物。基部被子植物出现在约 1.4 亿年前，单子叶植物与真双子叶植物在 1.25 亿年前“分道扬镳”，木兰类植物出现在约 1 亿年前。

仙人掌

真双子叶植物是目前被子植物中种类最多的，仙人掌是其中的代表，通常生活在干燥的沙漠地区，具有强大的储水能力，极其耐热耐旱。仙人掌品种很多，开花时间也各不相同，有的一两年开一次花，有的几年开一次，有的十几年甚至几十年才开一次。

出现时间	未知
地质年代	未知
基因组大小	652.7Mb
植株高度	从几十厘米到十几米不等

睡莲

睡莲是基部被子植物中最广为人知的类群，种类很多，大部分看起来与荷花很像，但它们的叶子通常浮在水面上，花浮在水面或距离水面不远，不会像荷花那样高高擎起。

出现时间	1.35 亿年前
地质年代	白垩纪早期
基因组大小	409Mb
植株高度	水面以上高 30~50 厘米

玉兰

玉兰是木兰类植物中最为常见的一类，通常先开花后长叶，一般花型较大，花瓣肥厚，花朵素雅高洁。

出现时间	约 1 亿年前
地质年代	白垩纪中期
基因组大小	284.5Mb（荷花玉兰）
植株高度	通常在 5~30 米之间

兰花

兰花是一种与恐龙同时代的被子植物，也是单子叶植物中最大的类群，种类繁多。为了吸引昆虫传粉，很多兰花都会模仿动物的样子生长。在中国传统文化中，兰花是高雅的象征，有“花中君子”之称。

出现时间	约 7500 万年前
地质年代	白垩纪晚期
基因组大小	1025Mb
植株高度	一般高 30~40 厘米

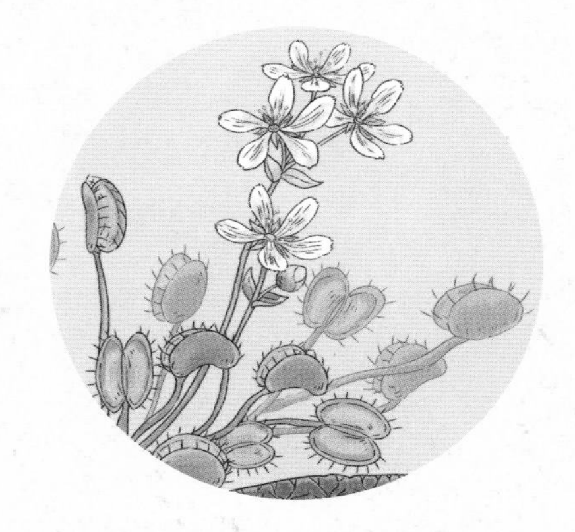

捕蝇草

捕蝇草是一种有名的“食肉”植物，也是一种典型的真双子叶被子植物。为了繁殖，每年春天捕蝇草会伸出一根长长的花茎，开出淡雅洁白的小花。

出现时间	未知
地质年代	未知
基因组大小	605.7Mb
植株高度	20~30 厘米

哺乳动物走出洞穴

在恐龙统治地球的时代，哺乳动物就已经出现，但迫于恐龙的强大，它们只能躲在洞穴或地下偷偷地生存着。陨石撞击地球造成的生物大灭绝使恐龙变成了历史，而体型很小的哺乳动物却意外躲过了这次灭顶之灾，幸存下来。当地球恢复平和后，哺乳动物终于走出洞穴，迅速发展壮大。

哺乳动物的特点

最原始的哺乳动物——摩尔根兽

摩尔根兽生活在三叠纪晚期的沙漠环境中，个头很小，移动速度很快，但无法持久。它们以昆虫为食，主要在夜间活动，可以通过气味辨别食物和敌人的方位。

出现时间	约2.05亿年前
地质年代	三叠纪晚期
基因组大小	未知
体型大小	体长约10厘米

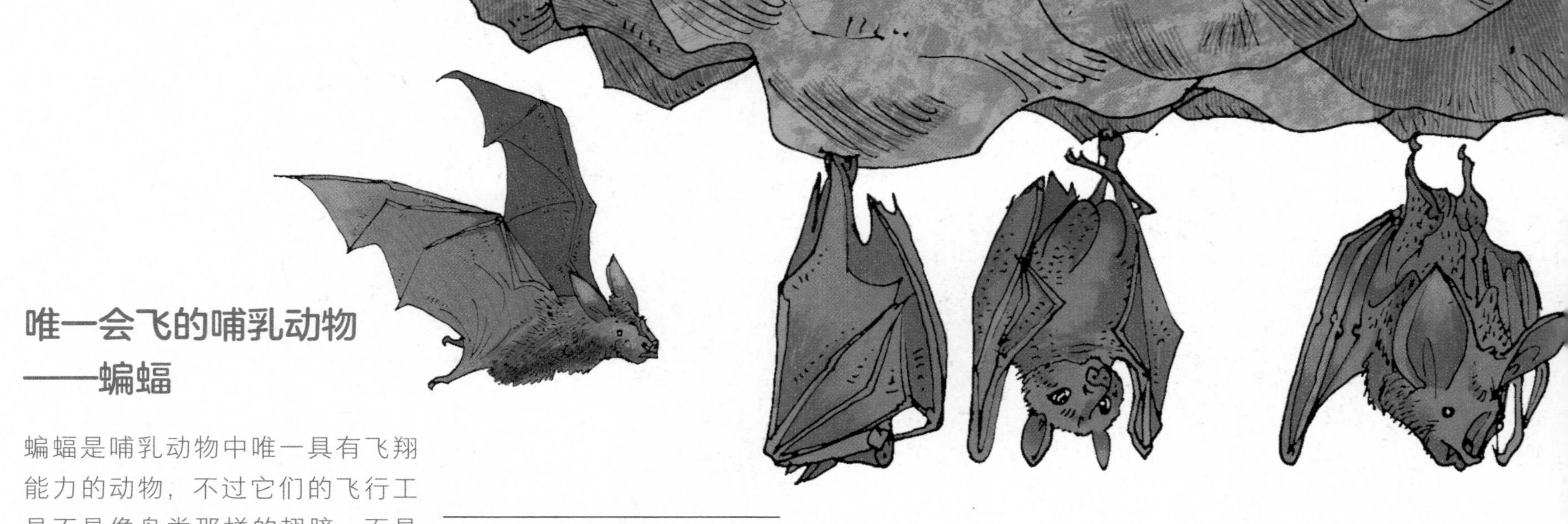

唯一会飞的哺乳动物——蝙蝠

蝙蝠是哺乳动物中唯一具有飞翔能力的动物，不过它们的飞行工具不是像鸟类那样的翅膀，而是由翼膜构成的滑翔翼。这滑翔翼从前肢演化而来，由四根细长的手指支撑。

出现时间	约 1 亿年前
地质年代	白垩纪中期
基因组大小	2113Mb
体型大小	体长多为 3~40 厘米

卵生和胎生

卵生是指受精卵在母体外独立发育，经过孵化，变成动物。鸟类、昆虫、绝大多数爬行动物繁育后代的方式都是卵生。卵生动物的产卵量一般比较大，但后代的存活率比较低。

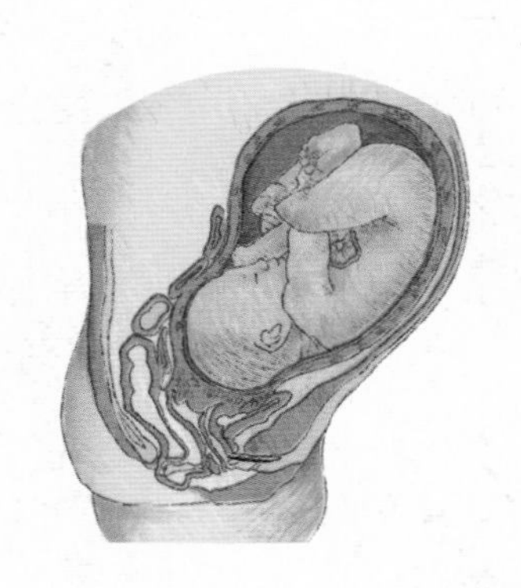

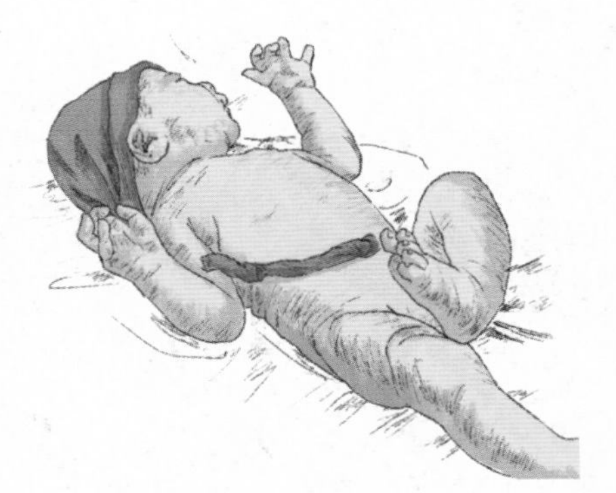

胎生是指受精卵在母体内发育，胚胎通过脐带直接从母体获取营养，直至出生。包括人类在内的绝大多数哺乳动物繁育后代的方式都是胎生。与卵生动物不同，胎生动物每胎的数量通常较少，但后代存活率高。

最早有胎盘的哺乳动物——中华侏罗兽

中华侏罗兽是已知最古老的胎盘哺乳动物，身体构造与老鼠相似，善于爬树，可以在树上或地上生活，与摩尔根兽一样，也以昆虫为食。

出现时间	约 1.6 亿年前
地质年代	侏罗纪晚期
基因组大小	未知
体型大小	体长约 10 厘米

早期的哺乳动物

冠齿兽

冠齿兽是一种大型哺乳类食草动物，它们用尖利的犬齿来挖掘水边的草吃。

出现时间	5900 万年前
地质年代	古近纪早期
基因组大小	未知
体型大小	体长约 2.3 米

雷兽

雷兽也是一种植食性动物，一开始体型较小，后来逐渐增大，外表和习性都与现代的犀牛相似，行动笨拙。

出现时间	5600 万年前
地质年代	古近纪早期
基因组大小	未知
体型大小	体长约 4 米

鸭嘴兽

鸭嘴兽是现存最原始的哺乳动物，也是最低等的哺乳动物之一，因嘴巴和脚掌像鸭子而得名。它们的嘴巴上有很多传递触觉的神经，对振动很敏感，在水下捕食时，嘴巴可以帮助它们定位猎物。另外，卵生而非胎生的繁殖方式也使鸭嘴兽在哺乳动物中显得很另类。

出现时间	约 2500 万年前
地质年代	古近纪晚期
基因组大小	1840Mb
体型大小	体长 40 厘米~50 厘米

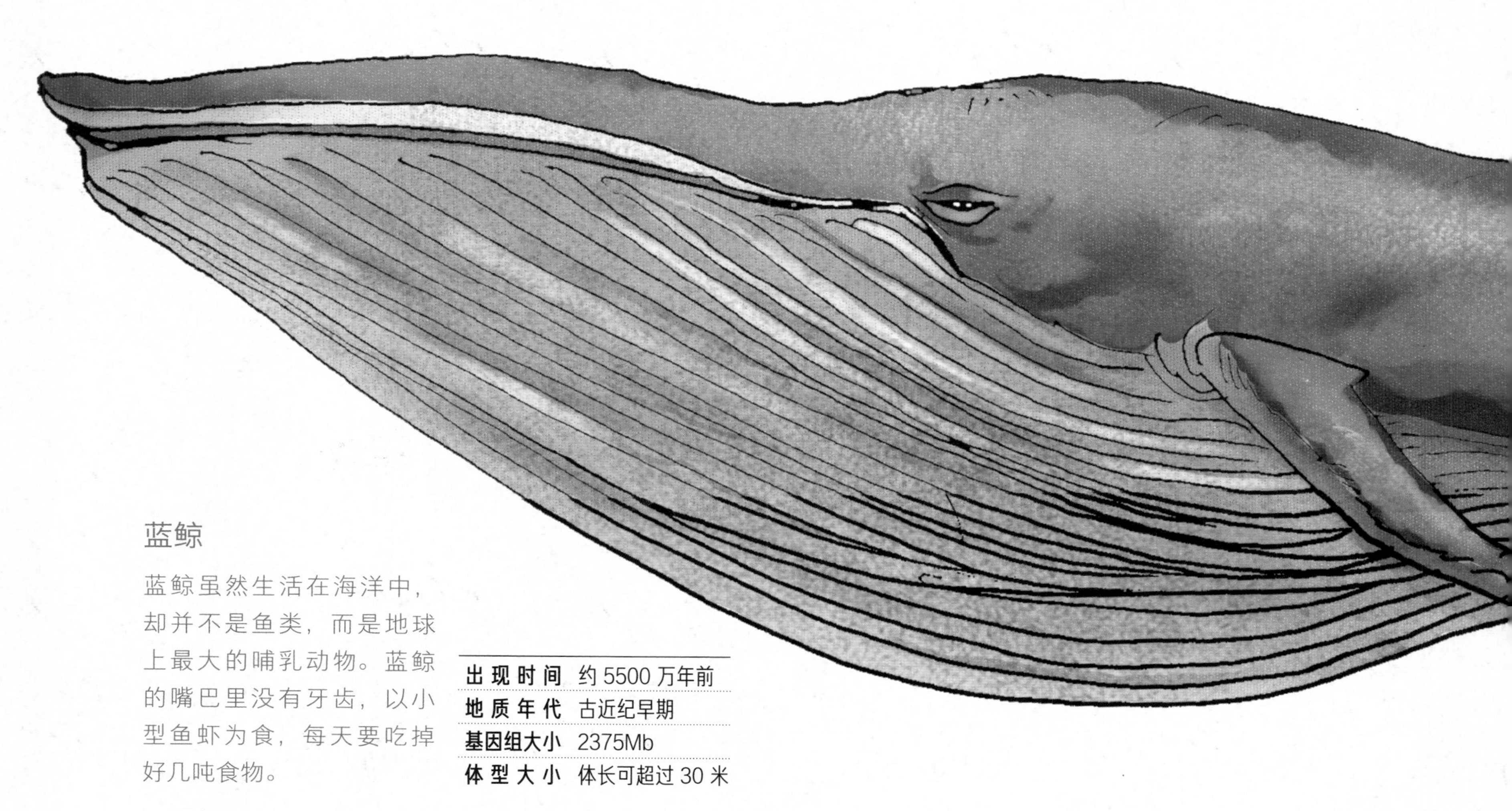

蓝鲸

蓝鲸虽然生活在海洋中，却并不是鱼类，而是地球上最大的哺乳动物。蓝鲸的嘴巴里没有牙齿，以小型鱼虾为食，每天要吃掉好几吨食物。

出现时间	约 5500 万年前
地质年代	古近纪早期
基因组大小	2375Mb
体型大小	体长可超过 30 米

跳兔

跳兔是一种善于跳跃的哺乳动物，遇到紧急情况时，瞬间能跳出几米远。

出现时间	2300 万年前
地质年代	新近纪早期
基因组大小	未知
体型大小	体长约 80 厘米

剑齿虎

剑齿虎长着一对巨大的像利剑一样的犬齿，以大型食草动物为食，捕猎时利用全身的力量将长长的犬齿刺入猎物身体。

出现时间	约 1300 万年前
地质年代	新近纪中期
基因组大小	未知
体型大小	肩高约 1.2 米

猛犸象

猛犸象最突出的特点就是全身长满了长毛，因此又叫长毛象。它们是陆地上出现过的最大的哺乳动物，生活在冰河时期，一身长毛和厚厚的脂肪层能帮助它们抵御严寒。

出现时间	约 500 万年前
地质年代	新近纪晚期
基因组大小	3300Mb
体型大小	体长约 5 米

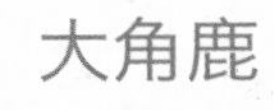

大角鹿

大角鹿又叫巨角鹿，头上长着巨大而多枝的角，是目前已知最大的鹿。它们和猛犸象都是冰河期的代表动物。

出现时间	约 250 万年前
地质年代	第四纪早期
基因组大小	未知
体型大小	体长约 2.5 米

神奇的大象

大约在 6000 万年前，一种特殊的哺乳动物出现在生命演化的历程中。经过千万年的自然选择，挺过无数次的气候变化，它们最终演化成了今天的大象。硕大的体型、长长的鼻子、尖利突出的牙齿彰显着大象的与众不同。作为陆地上最大且最聪明的哺乳动物，这种神奇而又古老的物种是如何一步步演化成今天这般模样的呢？

大象的演化史

大象的演化是一个复杂的过程，地球上曾经出现过各种各样的古象，目前被命名的就有一百多种。由于气候的变化或生存竞争，它们大多数都成了地球上的过客，其中有一些在大象的演化过程中具有一定的代表性。

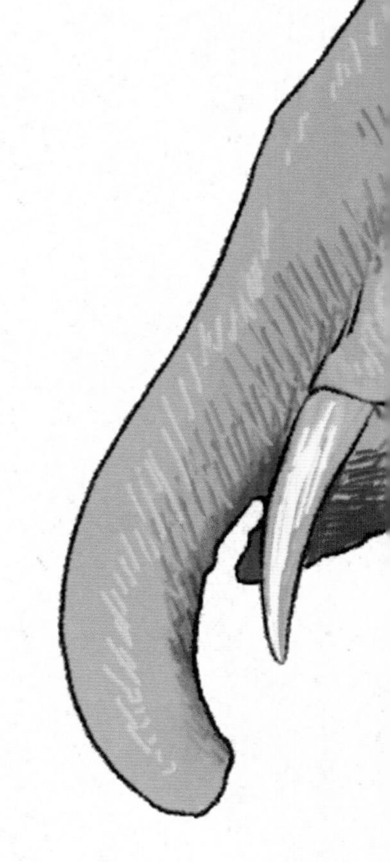

曙象

曙象是目前所知的大象家族最古老的祖先，生活在大约 6000 万年前的非洲。它的体型只有兔子大小，看起来与“陆地上最大的哺乳动物”毫无关系，却开启了大象家族的辉煌历史。它可能想象不到，在未来的几千万年里，它的后代会演化成陆地上最大的动物。

出现时间	约 6000 万年前
地质年代	古近纪早期
基因组大小	未知
体型大小	肩高约 20 厘米

磷灰象

磷灰象起源于约 5600 万年前。那时恐龙灭绝不久，哺乳动物刚刚兴起，体型都比较小，磷灰象也不例外。它比曙象略大一些，但体长也只有几十厘米，像一头圆滚滚的小猪，鼻子和牙齿已经有了增大的迹象，但远远不像现在这样长。

出现时间	约 5600 万年前
地质年代	古近纪早期
基因组大小	未知
体型大小	肩高约 30 厘米

始祖象

始祖象是最早的长鼻目动物之一，是现代大象的远房亲戚，喜欢生活在水中。与曙象和磷灰象相比，始祖象的体型明显变得更大了，突出的上唇和外露的獠牙也预示着它未来的演化方向。

出现时间	约 4700 万年前
地质年代	古近纪中期
基因组大小	未知
体型大小	肩高约 70 厘米

古乳齿象

古乳齿象大约生活在 3600 万年前，已经成了名副其实的大块头，肩高达到了 2 米左右，而且演化出了十几厘米长的牙齿和鼻子，长牙是采食工具，鼻子则起辅助作用。更独特的是，它有四颗獠牙，上面两颗，下面两颗，由于牙齿齿尖像一个个乳头状的突起，所以得到了“乳齿象”这个名字。

出现时间	约 3600 万年前
地质年代	古近纪晚期
基因组大小	未知
体型大小	肩高约 2 米

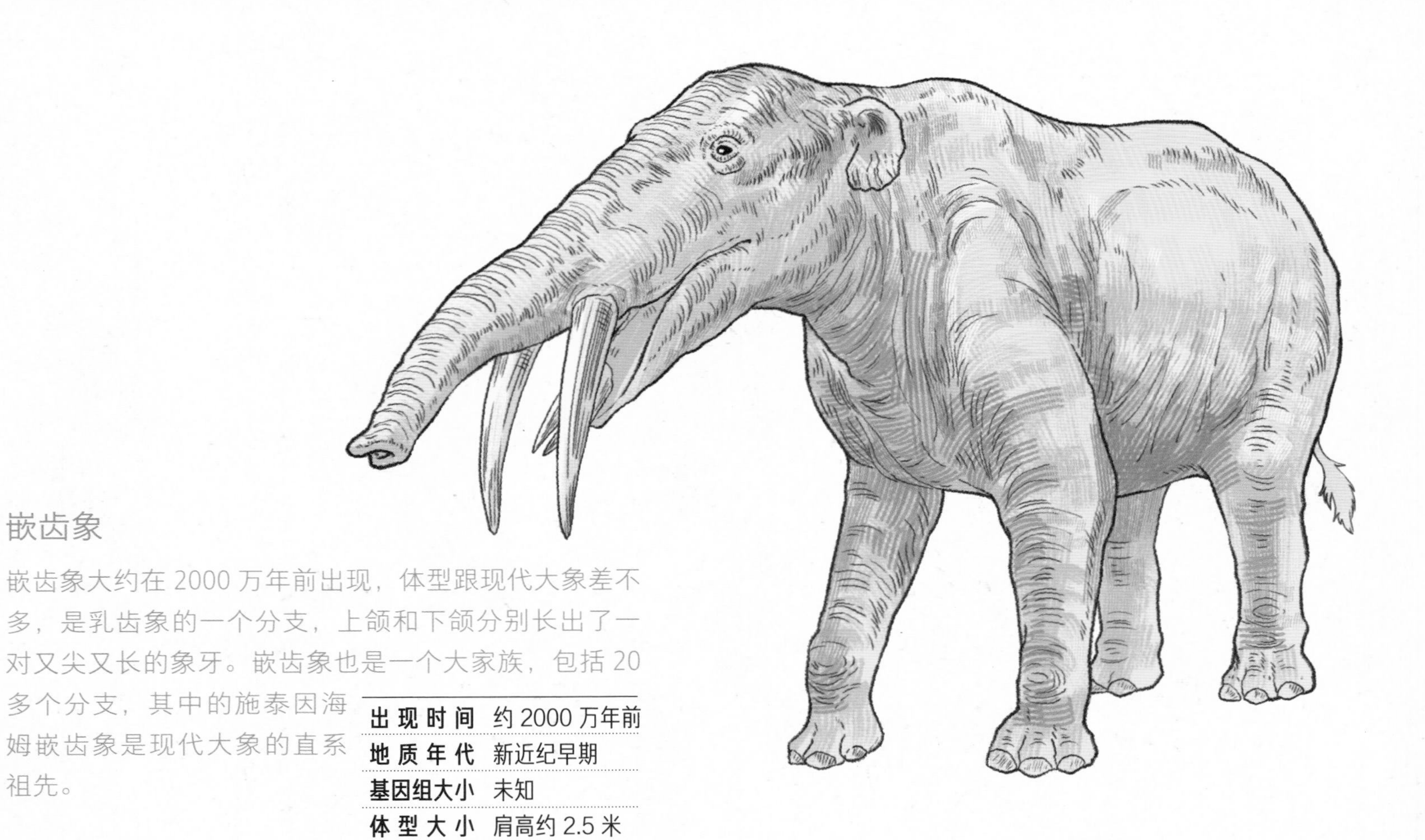

嵌齿象

嵌齿象大约在 2000 万年前出现，体型跟现代大象差不多，是乳齿象的一个分支，上颌和下颌分别长出了一对又尖又长的象牙。嵌齿象也是一个大家族，包括 20 多个分支，其中的施泰因海姆嵌齿象是现代大象的直系祖先。

出现时间	约 2000 万年前
地质年代	新近纪早期
基因组大小	未知
体型大小	肩高约 2.5 米

大象为什么不容易得癌症？

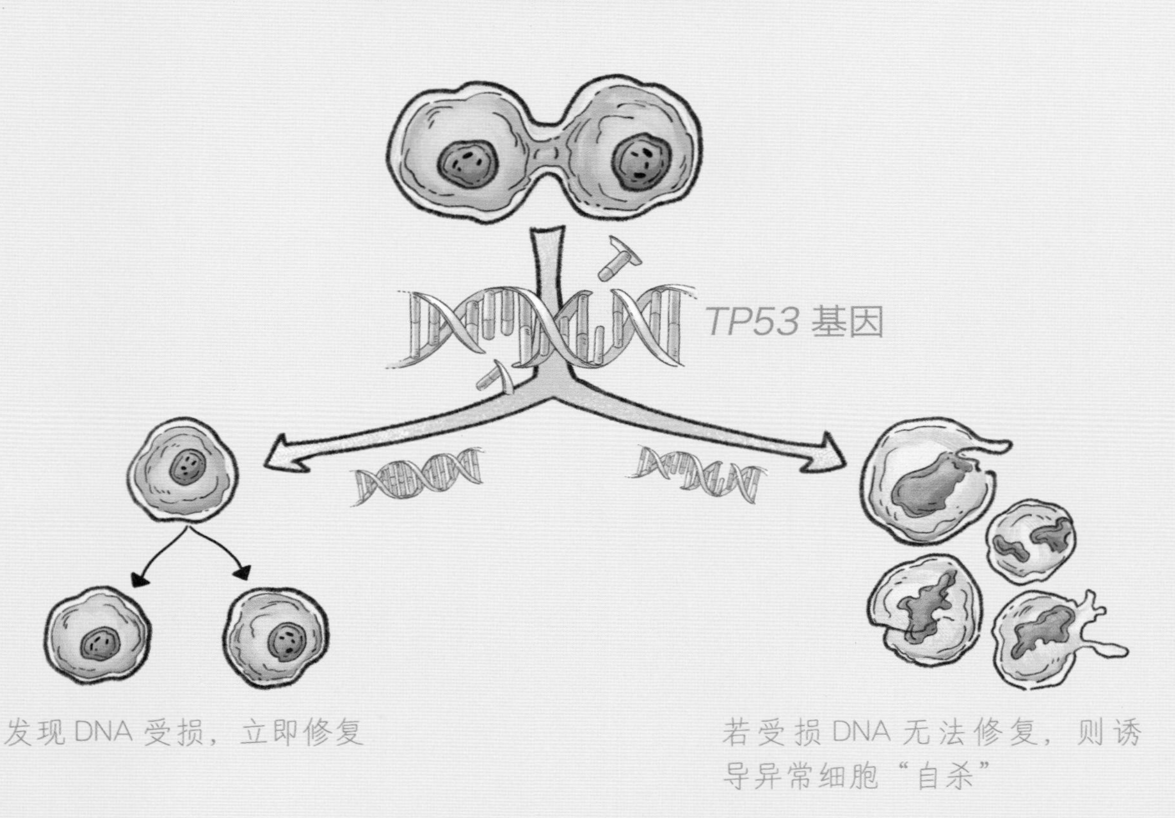

除了外型与众不同，大象还有另一个神奇之处——不容易得癌症。一般来说，体型越大，组成身体的细胞就越多，细胞为了更新换代而分裂的次数就会越多，过程中出现错误的可能性越大，患癌的概率就会越高。但作为陆地上最大的动物，大象却是个例外，这是为什么？答案与一种有抑癌作用的基因——*TP53* 有关。这种基因在人类的体内只有一份，在大象的体内却有 20 份，在它们的监测下，细胞想发生癌变可没那么容易！

恐象

恐象是最大的长鼻目动物之一，它们跟始祖象一样，也是现代大象的远亲。恐象上颌没有长牙，却拥有一对像弯钩一样的下门牙，为了在竞争中占据优势，它们的体型继续演化，肩高达到了 3~4.5 米。

出现时间	约 1600 万年前
地质年代	新近纪中期
基因组大小	未知
体型大小	肩高 3 ~ 4.5 米

真象

大约 700 万年前，真象出现在非洲，之后分化出了不同的种类。亚洲象、非洲草原象、非洲森林象是延续至今的三种，其他的都已灭绝。

出现时间	约 700 万年前
地质年代	新近纪晚期
基因组大小	3401Mb（亚洲象）
体型大小	肩高 2.5 ~ 4 米

灵长类下树

环境的变化对于一部分动物来说是危机，对于另一部分动物来说却是难得的机遇。两百多万年前，地球环境出现剧烈变化，第四纪冰期开始，难以快速适应这种变化的哺乳动物纷纷灭绝，一类特殊的动物却懂得随机应变，化危机为机遇，开启了一段辉煌的演化史。它们就是灵长类。

演化的灵长类

灵长类是哺乳动物的一种，与其他哺乳动物相比，灵长类动物的大脑更加发达，变得更加“聪明”，双眼长在头的前方，身体和四肢更加灵活，每个手指都能单独活动，拇指还能与其他手指对握。现在的猴子、猿和人类都属于灵长类。

阿喀琉斯基猴

阿喀琉斯基猴是目前所知最早的灵长类，生活在约5500万年前。这种原始的灵长类动物体型很小，体长只有7厘米左右，体重约30克，四肢修长，行动敏捷，主要以昆虫为食。

出现时间	约5500万年前
地质年代	古近纪早期
基因组大小	未知
体型大小	体长约7厘米

中华曙猿

曙猿生活在4500万年前，体型比阿喀琉斯基猴稍大，但仍然是一种较小的灵长类，有中华曙猿、世纪曙猿等。它们是目前已知的高等灵长类动物最早的祖先之一，现在的猕猴、猿类和人类都源自曙猿。

出现时间	约4500万年前
地质年代	古近纪中期
基因组大小	未知
体型大小	暂无可靠数据

猿与猴分离

约2500万~3000万年前，猿类与猴类分化为两个分支，没有尾巴的真正意义上的猿类演化出来，原康修尔猿是早期的猿类之一。后来，一些古猿离开树木，来到陆地，逐渐掌握直立行走的技能，开始了向人类的演化。

出现时间	约2300万年前
地质年代	新近纪早期
基因组大小	未知
体型大小	高约1米

原康修尔猿

古猿阶段

下地行走是灵长类为适应环境变化迈出的重要一步，这一步也开启了它们向人类演化的重要阶段——古猿阶段。

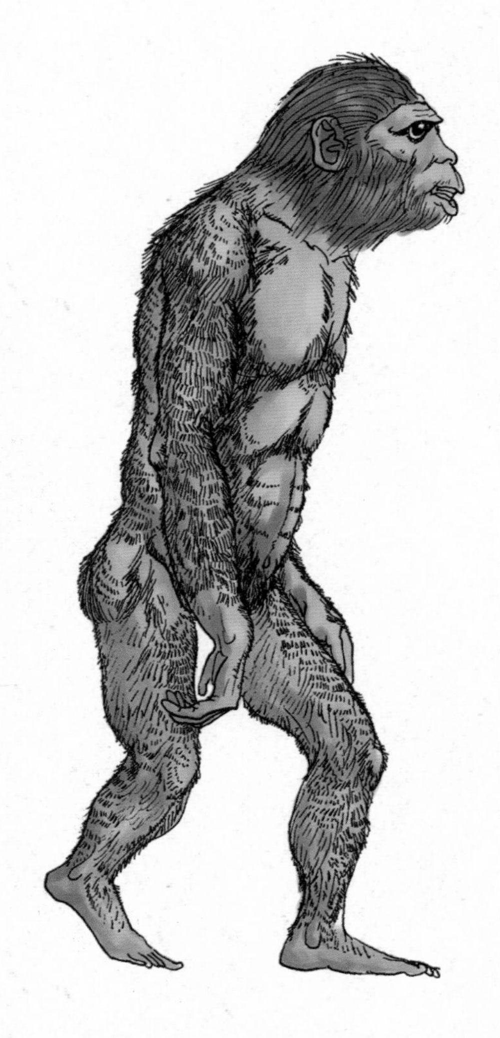

1300 万～900 万年前
森林古猿

生活在原始森林中的古猿是人类最早的祖先，它们栖居在树上，以植物叶子和果实为食。但是随着气候的变冷，原始森林不断萎缩，一部分古猿不得不改变生活习性，放弃树栖生活，来到地面寻找食物，逐渐开始直立行走，演化成地猿，迈出了向人类演化的第一步。

出现时间	约 1300 万年前
地质年代	新近纪中期
基因组大小	未知
体型大小	身高约 60 厘米

580 万～440 万年前
地猿

地猿同时具有原始人类和猿类的特征，已经能够在地面直立行走和奔跑，但仍然保留着一定的攀缘能力，直立行走的能力不够完善。始祖地猿和卡达巴地猿是这一时期的代表。

出现时间	约 580 万年前
地质年代	新近纪晚期
基因组大小	未知
体型大小	身高约 1.2 米

440 万～150 万年前
南方古猿

南方古猿最初与他们的祖先一样，以果实、植物的地下茎等为食，但是随着气候的变化，这类食物越来越少，于是他们开始分食死去或伤残的动物，后来还逐渐学会了捕猎小型的动物。南方古猿有很多分支，其中一支最终演化成了能人，最著名的要数于埃塞俄比亚发现的 320 万年前的“露西”（Lucy）化石，其余各支则走向了灭绝。

出现时间	440 万年前
地质年代	新近纪晚期
基因组大小	未知
体型大小	身高 1.2～1.6 米

人属阶段

在地面上直立行走的生活给灵长类的身体带来了一系列重要变化，它们的上肢得到解放，可以用来做更多的事情，逐渐变得更加灵活，灵长类的演化从古猿阶段进入人属阶段，经历漫长的岁月，最终演化成了现代人。

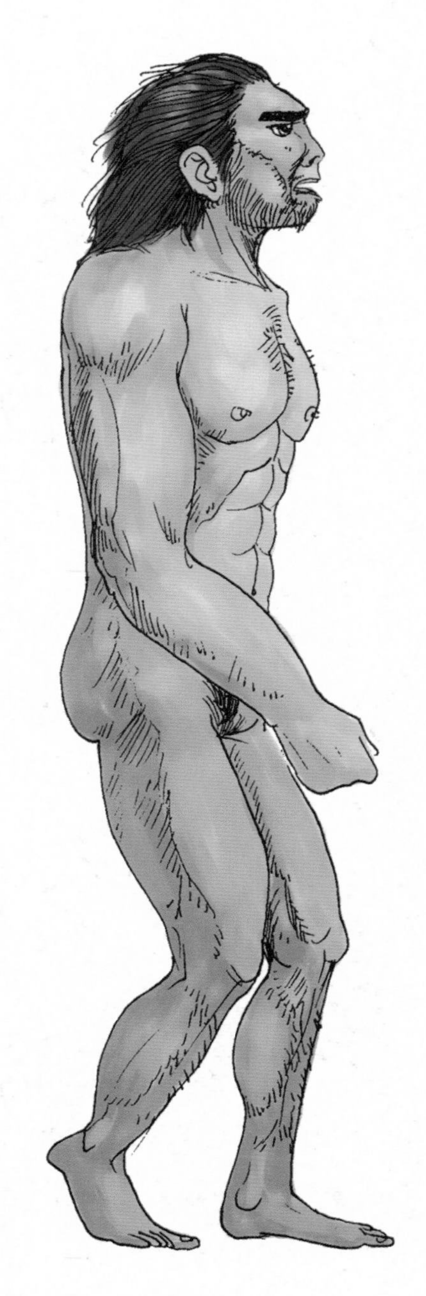

260 万～150 万年前

能人

能人就是动手能力强的人，他们已经能够制造并使用石器工具，获取食物的能力因此得到提升，食物中的肉类开始增多。他们是目前所知最早使用工具的群体，而且能够搭建简单的住所，头骨和牙齿特征都比南方古猿更接近现代人，是向现代人类演化的开端。

出现时间	260 万年前
地质年代	第四纪早期
基因组大小	未知
体型大小	身高约 1.4 米

200 万～20 万年前

直立人

直立人起源于约 200 万年前的非洲，由能人演化而来。他们的脑容量明显增加，四肢更加灵活，直立行走的功能已经非常完善，会制造和使用不同类型的工具，而且学会了使用火。

出现时间	约 200 万年前
地质年代	第四纪中期
基因组大小	未知
体型大小	身高约 1.6 米

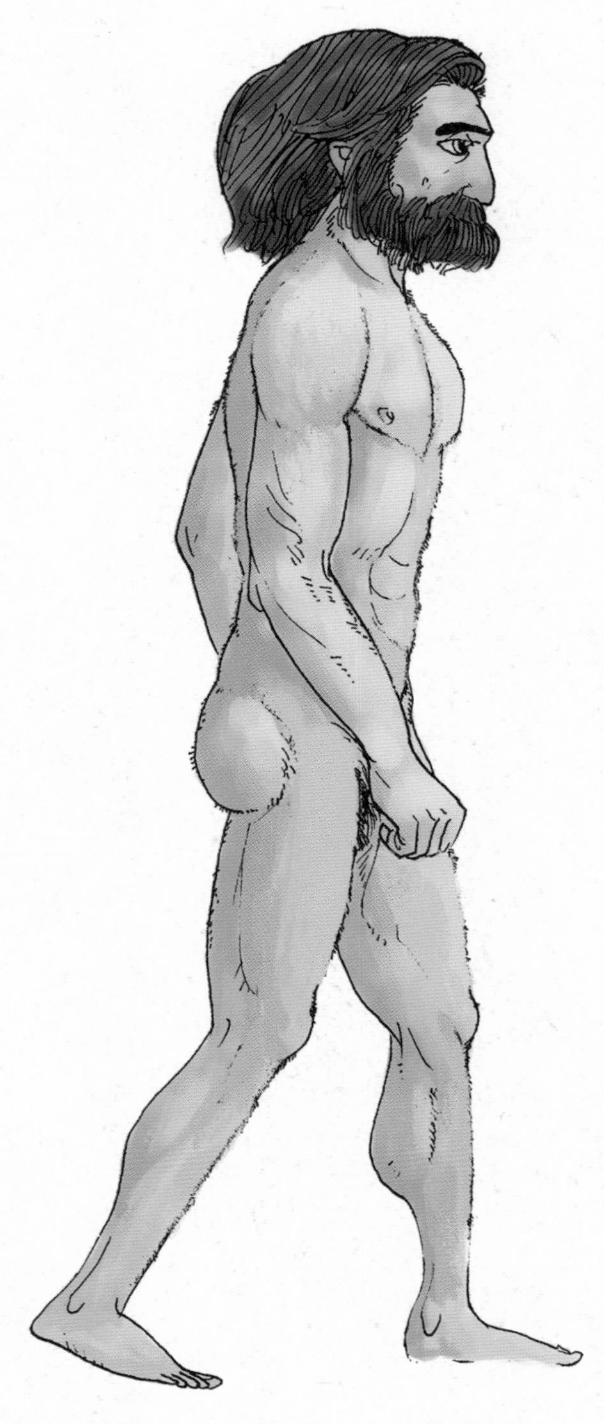

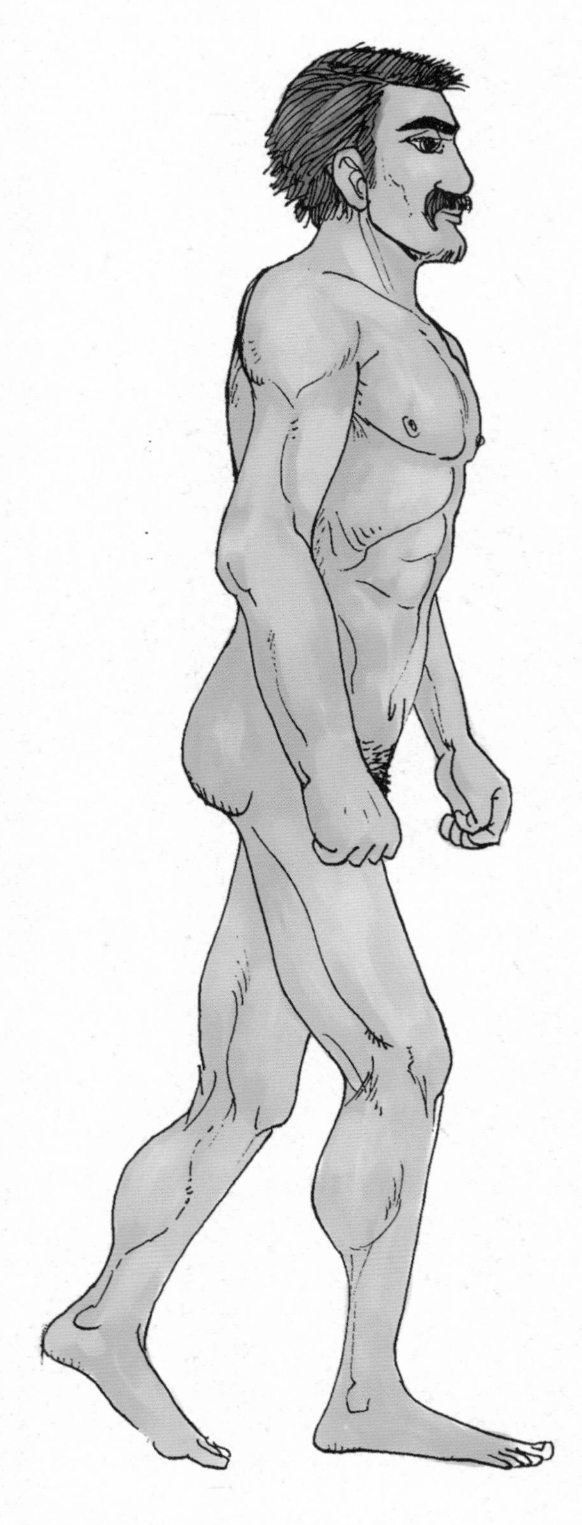

20万～3万年前

早期智人

经过漫长的发展，直立人的双手变得越来越灵巧，大脑也不断发育，最终演化为早期智人。早期智人已经很接近现代人了，在生活方式上，他们仍以狩猎为主，以采集为辅。

出现时间	20万年前
地质年代	第四纪晚期
基因组大小	未知
体型大小	身高约1.7米

5万～1万年前

晚期智人

晚期智人最早出现在非洲，由非洲扩散至其他地方。欧洲的克罗马农人和中国的山顶洞人都属于晚期智人。他们的生理特征已经非常接近现代人，而且已经拥有了比较发达的文化和艺术，留下了许多壁画和雕像。

出现时间	5万年前
地质年代	第四纪晚期
基因组大小	未知
体型大小	身高1.5～1.8米

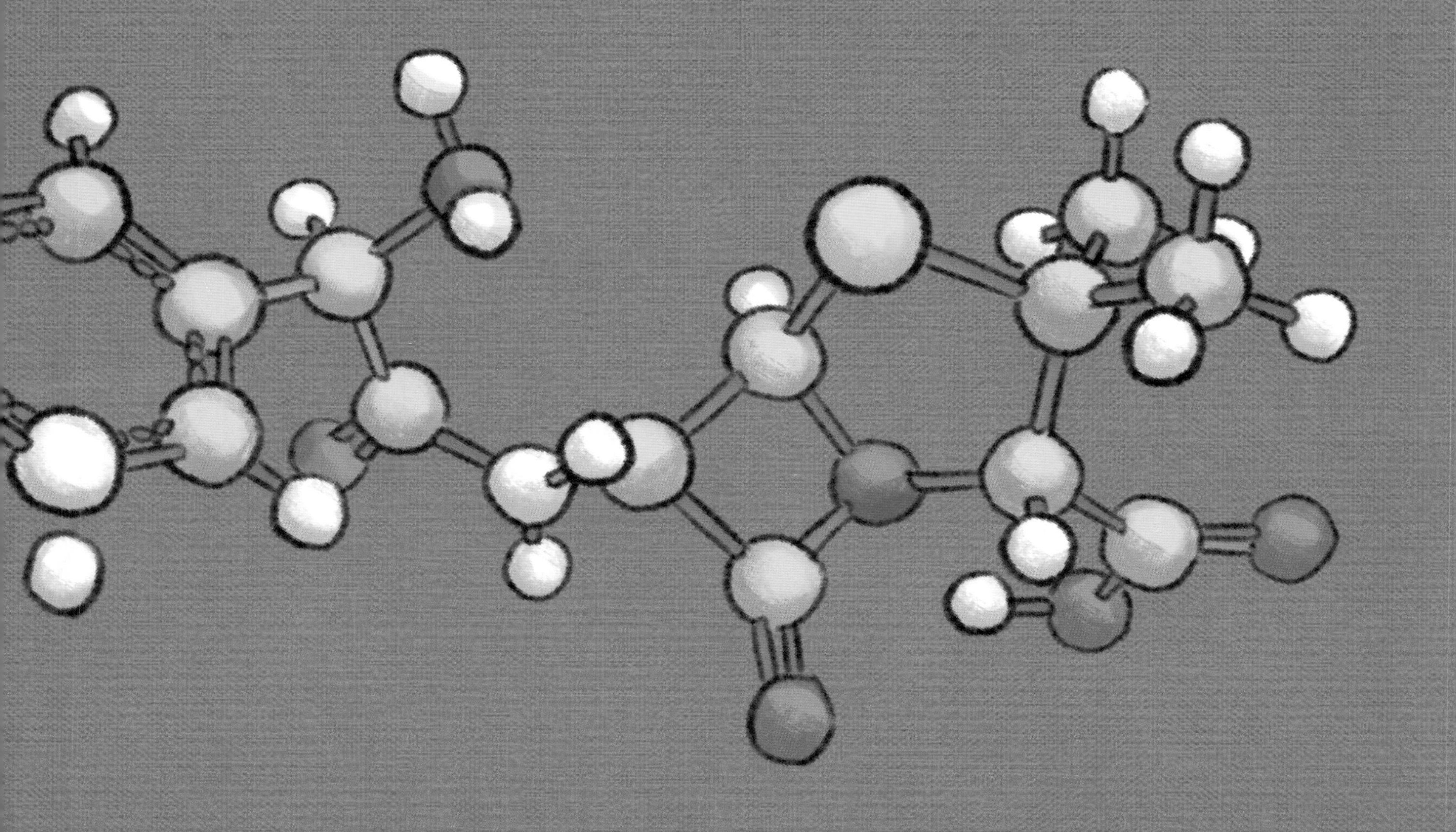

第八篇章

走向新纪元

灵长类下树之后，
经过长达两百多万年的艰苦跋涉和不懈探索，
从能人、直立人、早期智人走向现代人，
从非洲走向世界，
也逐渐从野蛮走向文明。
学习制造石器，学习制造火，
发明计数方法，创造各种艺术，
认识微观世界……
人类一步一步，
走出了一条文明之路，
走向了新的纪元。

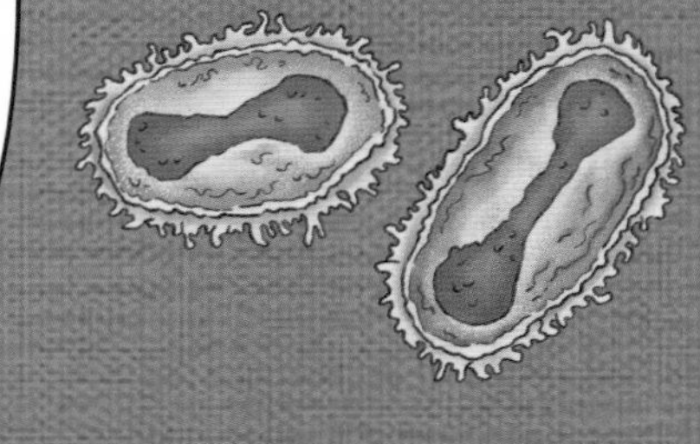

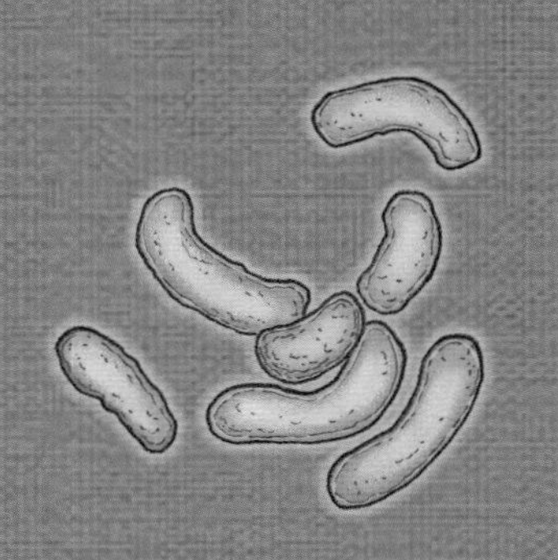

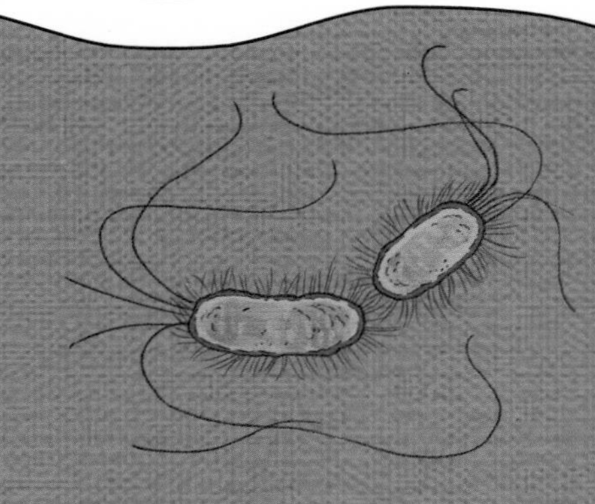

走出非洲

我们的祖先智人从非洲起源，却并没有满足于此，带着对未知世界的向往和好奇，经过不懈地尝试和努力，他们最终走出了非洲，走向了新的世界。

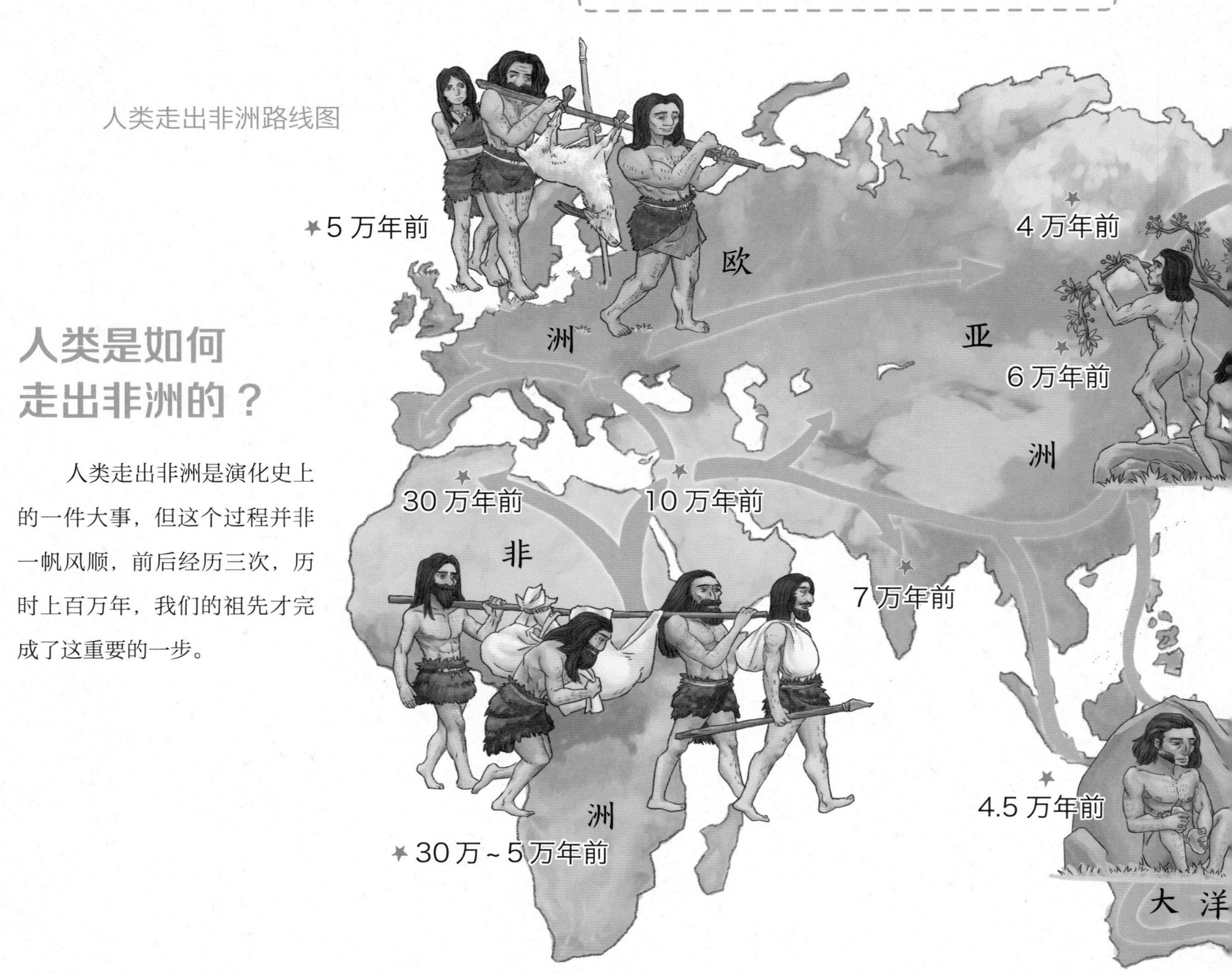

人类走出非洲路线图

人类是如何走出非洲的？

人类走出非洲是演化史上的一件大事，但这个过程并非一帆风顺，前后经历三次，历时上百万年，我们的祖先才完成了这重要的一步。

第一次走出非洲

大约在 200 万年前，直立人成为第一批走出非洲的人，他们勇敢地踏上未知之路，来到欧亚大陆，但最终没有逃过灭绝的命运，在 20 万年前消失在地球上。

第二次走出非洲

第一批直立人走出非洲后，留在非洲的直立人继续演化，于 60 万年前演化成海德堡人，他们开启了第二次走出非洲的征程，并最终抵达欧洲。海德堡人后来演化成了尼安德特人，曾经辉煌一时，但在 3 万年前他们还是绝灭了。

第三次走出非洲

60 万前选择留在非洲的海德堡人继续按部就班地演化着，在 30 万年前成为晚期智人。6 万年前，他们像自己的祖先一样，走出非洲，开始了对世界的探索，并最终扩散至全世界。在这个过程中，他们曾经与尼安德特人“狭路相逢”，后者的灭绝可能就与他们有关。除非洲人外，现代人仍保留了尼安德特人的基因。

四大人种

现代人类同属于智人，但在演化过程中，受到环境等各种因素的影响，智人又分化成了黄种人、白种人、黑种人、棕种人四大类群。

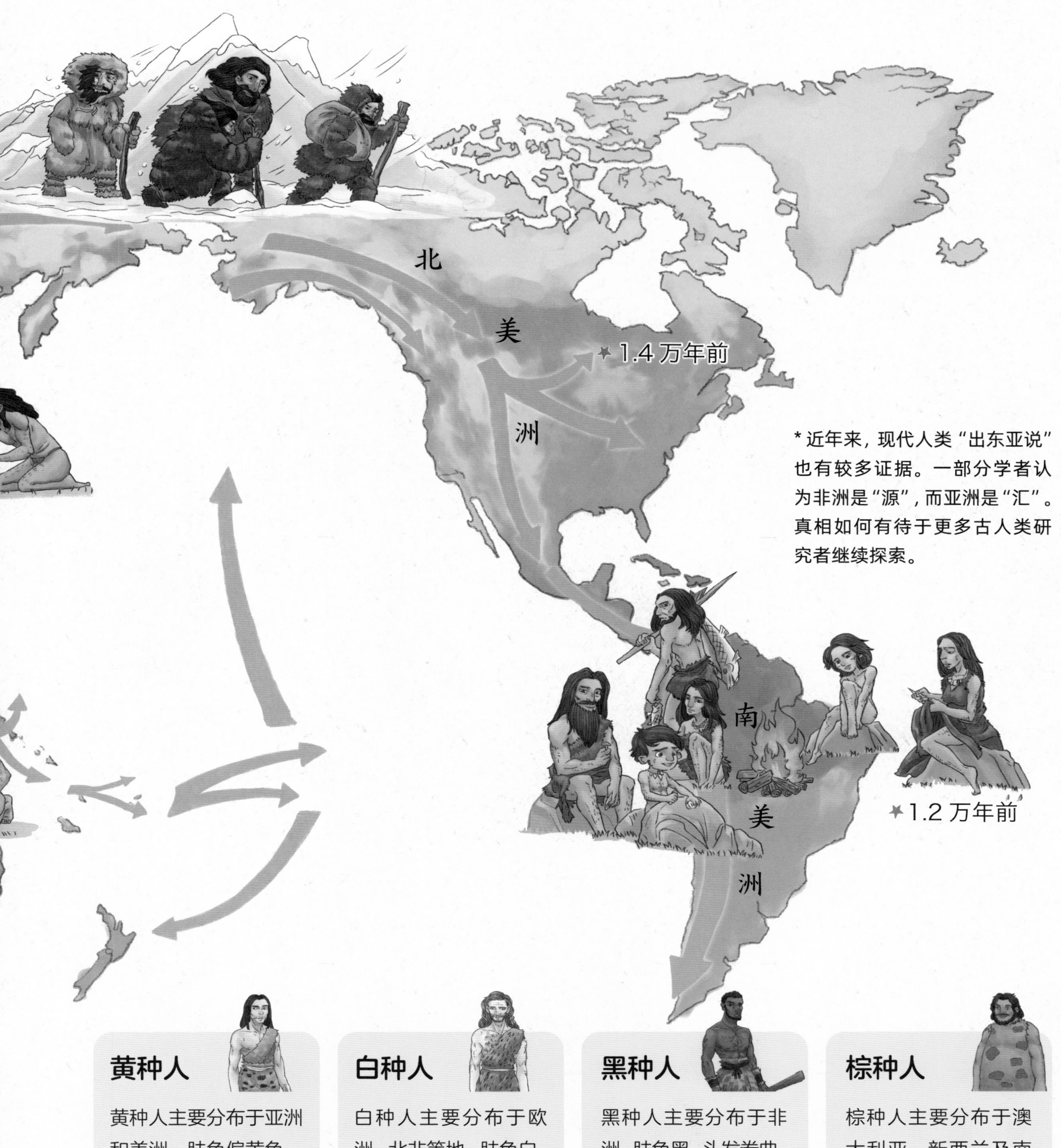

* 近年来，现代人类“出东亚说”也有较多证据。一部分学者认为非洲是“源”，而亚洲是“汇”。真相如何有待于更多古人类研究者继续探索。

黄种人

黄种人主要分布于亚洲和美洲，肤色偏黄色，头发直而色黑，眼睛为黑色或深褐色，面部宽阔，五官偏扁平，毛发稀少。

白种人

白种人主要分布于欧洲、北非等地，肤色白，头发多呈波形，头发和眼睛颜色多样，鼻梁高挺，毛发发达。

黑种人

黑种人主要分布于非洲，肤色黑，头发卷曲，头发和眼睛的颜色为黑色，嘴唇厚而外翻，毛发较少。

棕种人

棕种人主要分布于澳大利亚、新西兰及南太平洋岛屿，肤色一般为棕色，头发棕黑卷曲，嘴唇也较厚，毛发发达。

走向文明

人类不断演化的过程，也是一段不断走向文明的旅程。这段旅程从直立行走、使用工具开始，历经 200 多万年之久，最终一步步带人类走入了文明社会。

①

250 万年前，能人学会制造、使用工具，这是人类走向文明的起点。

③

大约 40 万年前，早期智人学会用燧石制造火，他们在自然界中的生存能力大大增强。

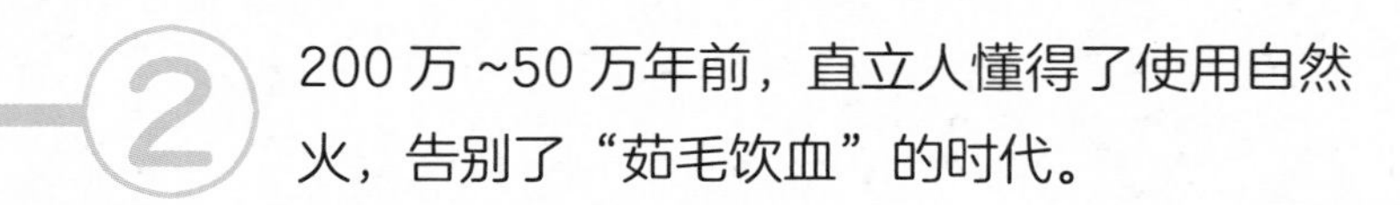

②

200 万 ~50 万年前，直立人懂得了使用自然火，告别了“茹毛饮血”的时代。

4

几万年前，人类有了审美的追求，开始了艺术创作，辉煌灿烂的岩画是那一时期艺术的代表。

6

几千年前，人们发现剩余的食物和果子放久了之后会变成一种散发着清香的液体，于是他们开始学着用果实、大麦、小麦、蜂蜜等酿酒。这是人类对于微生物的最早利用，不过那时人们还不知道这一切是微生物在发挥作用。

5

大约在 1 万年前，人类开始定居生活，他们建造更加精致的房屋，制造精美的器物，驯养牲畜，种植庄稼——农业社会开始了。

走近微生物

细数生命演化的历程，我们知道，在这颗蓝色的星球上，人类并不是唯一的生物，更不是最早出现的生物。一些微小的生命早在几十亿年前就已经登陆地球，并一直发展至今，它们组成了一个生机勃勃、无处不在的微生物世界，细菌、病毒、真菌以及一些小型的原生生物都是其中的成员。但在数百万年的时间里，人类却与它们“相逢不相识”，直到 300 多年前，一位名叫列文虎克的商人叩响了微生物世界的大门。

列文虎克发现微生物的过程

列文虎克利用闲暇时间磨制镜片，经过几百次的改进，他最终制作出了可以将事物放大几百倍的显微镜，此后布匹、牙垢、雨水、井水、血液等都成了他的观察对象。在观察中，他惊奇地发现居然有很多“小动物”藏在其中，而这些“小动物”就是我们今天所说的细菌。后来，在科学家的努力下，庞大又渺小的微生物世界逐渐露出了它的“庐山真面目”。

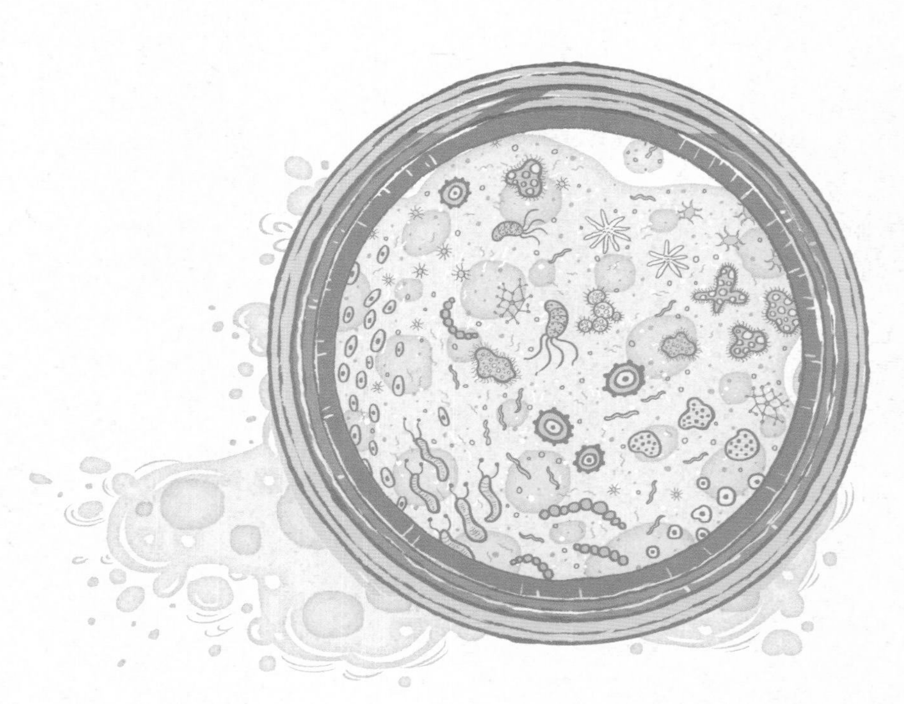

亦敌亦友的微生物

作为自然界中分布最广、种类最多、数量最大的生物类群，微生物与人类之间形成了一种亦敌亦友的微妙关系。

微生物是敌人
由微生物引起的各种疾病

雅典大瘟疫——人类历史上最早被详尽记载的重大疾病

在距今两千多年的公元前 403 年，一场规模罕见的瘟疫席卷雅典。感染瘟疫的人会承受极大的痛苦，从头到脚，在不同的阶段表现出不同的症状。无数人因此死去，即便熬过瘟疫幸存下来，很多人也留下了失明或残疾的后遗症。那时人们还不了解微生物，更无从得知这场瘟疫由何而来。虽然后来的科学家对它的起因做出了种种推测，但仍无法给出准确的答案，不过毫无疑问的是这场瘟疫由微生物引起。

黑死病——人类历史上最严重的瘟疫之一

黑死病爆发于 1347 年，因为感染这种疾病后，病人的皮肤上会出现很多黑斑，且几乎没有痊愈的可能，所以被称为“黑死病”。它是人类历史上最严重的瘟疫之一，已有超过 2 亿人死于这种疾病。科学家推测黑死病可能主要由鼠疫杆菌引起，也可能主要由病毒引起。

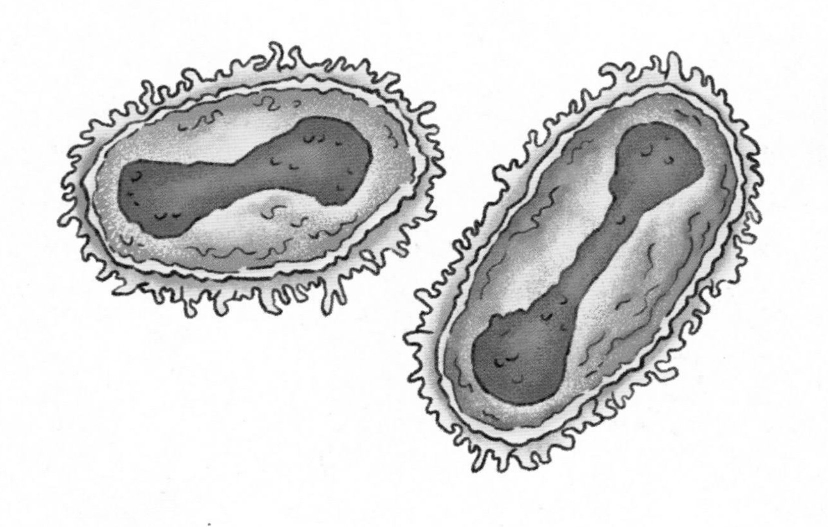

天花——制造了人类历史上最大的种族屠杀事件

天花曾经是一种全球流行病，由天花病毒引起，传染性极强，致死率极高。在 17 世纪，欧洲殖民者曾故意在印第安人中散播天花病毒，2000 多万美洲原住民因此丧命。这成了人类历史上最大的种族屠杀事件。

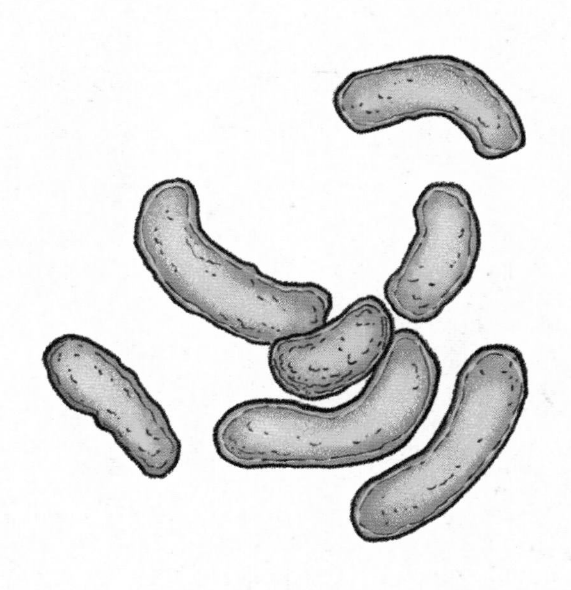

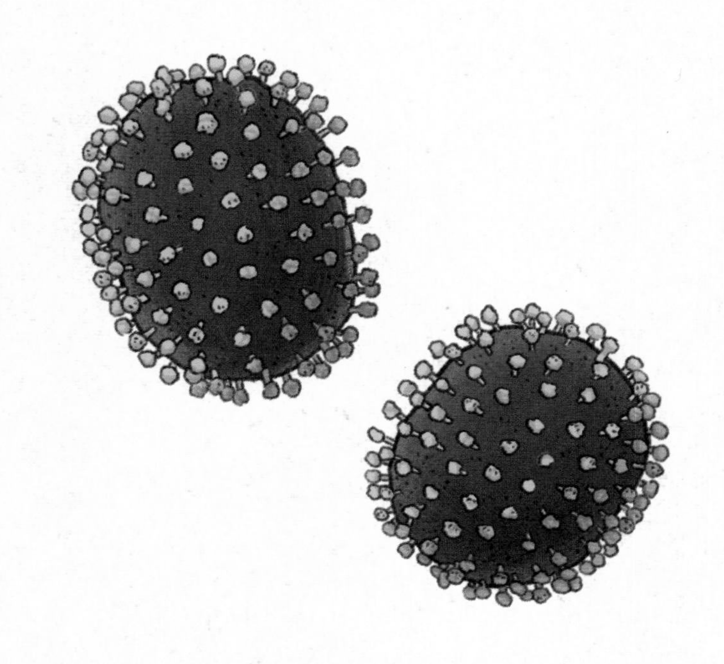

霍乱——19 世纪的世界病

霍乱是由霍乱弧菌引起的一种急性肠道传染病，严重的可能会在短时间内死亡。这种疾病首次出现是在 19 世纪初，因为爆发频繁且波及全球，因此被称为“最令人害怕、最引人注目的 19 世纪世界病”。直到今天，在个别地方，霍乱疫情还时有发生。

1918—1919 年大流感——人类历史上造成灾难最大的一次流感

1918 年，甲型流感病毒中的 H1N1 病毒引发了一场流感，这场流感在短短两年内横扫全球，成为迄今为止人类历史上造成灾难最大的一次流感。因为专家最早在西班牙确诊了这种疾病，所以它又被称为“西班牙大流感”。在这场流感中，全世界约有 5 亿人受到感染，约有 5000 万 ~1 亿人因感染病毒而死亡。

新的敌人——超级细菌（耐药菌）

随着医学的进步，人类发明了各种药物抵抗细菌对人体健康的攻击，但是由于药物的长期不合理使用，有些细菌“身经百战”，逐渐发生变异，产生了耐药性，成为耐药菌株，也就是超级细菌。它们的耐药性既能被其他细菌获得，又能传给下一代，如果这种情况持续下去，人类最终很可能会陷入无药可用的境地。因此，人类必须做好准备迎接这个新敌人的挑战。

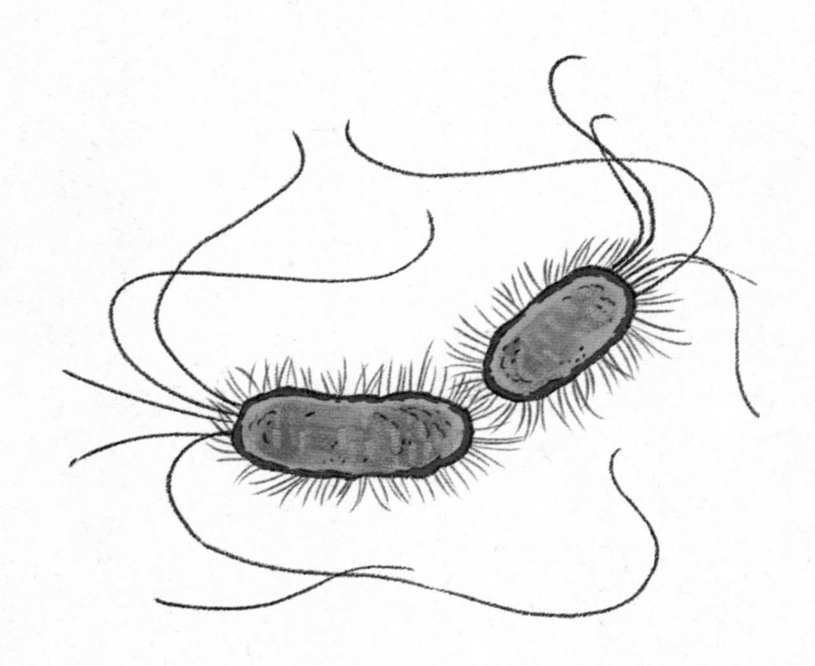

微生物是朋友
帮助人类战胜疾病

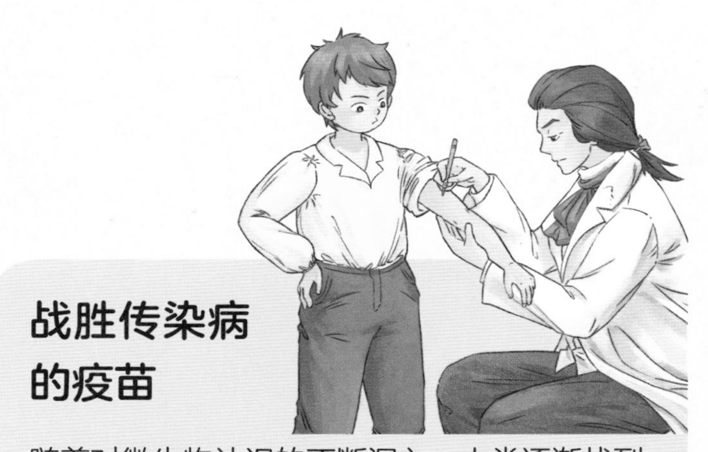

战胜传染病的疫苗

随着对微生物认识的不断深入，人类逐渐找到了将有害微生物转化成“战友”的重要手段——疫苗。不过疫苗并不是人类对抗传染病最初的手段，它起源于古老的种痘术。

疫苗的种子——种痘术

天花在人类社会中肆虐已久，夺走了无数人的生命，但人类早在一千多年前就对天花发起了反击。为了预防天花，人们发明了种痘术。种痘术就是将天花病毒经过处理后感染到另一个人身上，使感染者产生免疫，从而预防天花。一开始人们接种的是人痘，也就是人身上的天花病毒，在中国宋朝已有记载。18 世纪末，人们发现接种牛痘比接种人痘更安全，又创造了“种牛痘”的方法，并通过这种方法彻底消灭了天花。

疫苗的起点——霍乱疫苗、炭疽疫苗

在“种牛痘”技术出现后约一百年，法国微生物学家巴斯德研制出了第一种人工减毒疫苗——霍乱疫苗，并发现了接种免疫的原理。很快，他又通过反复试验研制出了炭疽疫苗。自此，一系列疫苗陆续出现，疫苗真正成为人类预防传染病的新武器。2023 年，mRNA 疫苗因其在对抗新冠疫情方面的表现而获得诺贝尔生理学或医学奖。

疫苗的原理

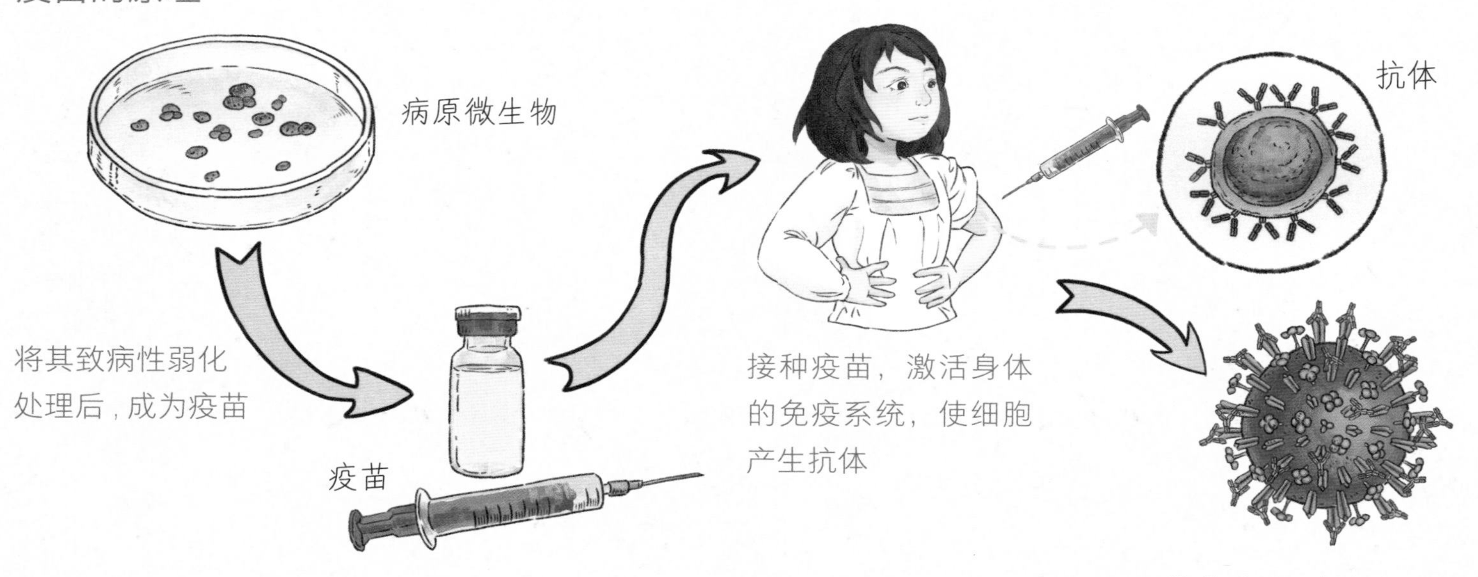

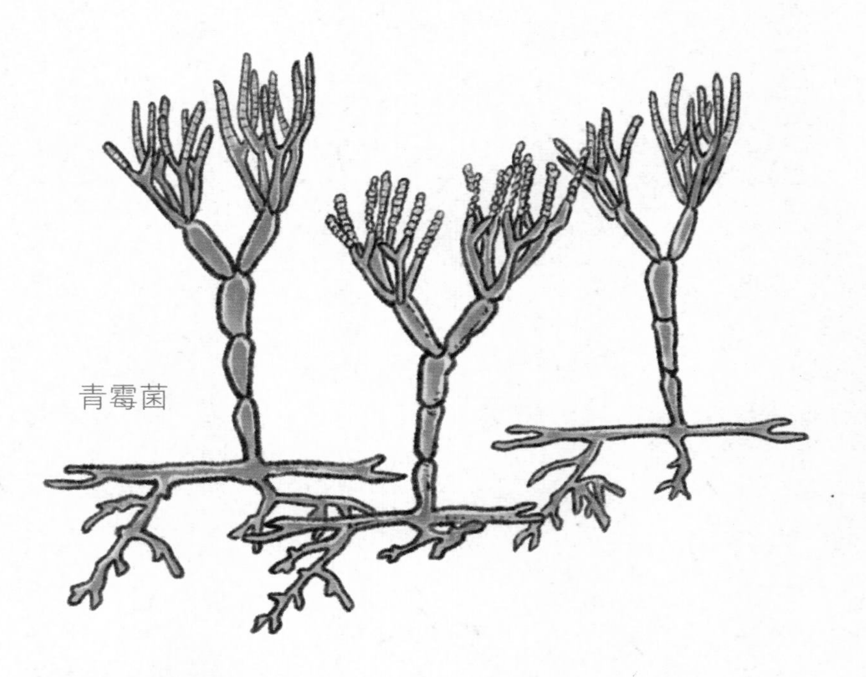
青霉菌

意义非凡的抗生素

自然界中存在很多种微生物，有些会“互相帮助”，有些则会产生某种物质抑制其他微生物生长、生存。人们利用这类微生物的特点研制出了一类意义非凡的药物——抗生素。

神奇的青霉素

青霉素是青霉菌生长过程中的代谢物，拥有强大的杀菌能力。自从青霉素被发现以后，很多原来无法治疗的疾病都在 1928 年之后有了克星。

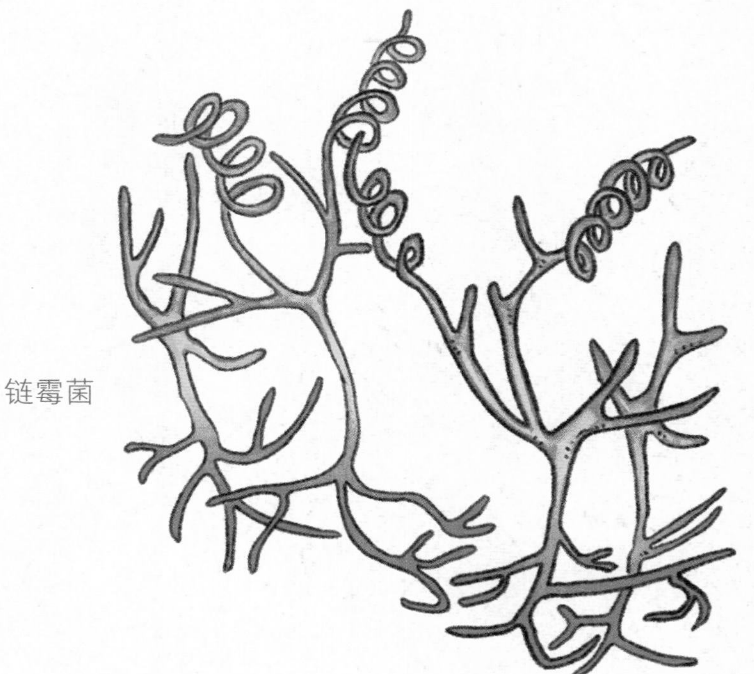
链霉菌

影响巨大的链霉素

链霉素来源于链霉菌，是人类为了对抗结核病，经过长期的研究发现的，对鼠疫、霍乱等传染病的治疗也有很好的效果。至今，链霉素仍然是治疗结核病的首选药物之一。

威力大增的半合成抗生素

细菌并不是一成不变的，随着抗生素的大量使用，很多耐药菌出现了。为了对付这些耐药菌，科学家对天然抗生素进行改造，研制出了很多半合成抗生素。半合成抗生素不仅种类更多，而且往往“威力大增”，具有比天然抗生素更强的杀菌能力。

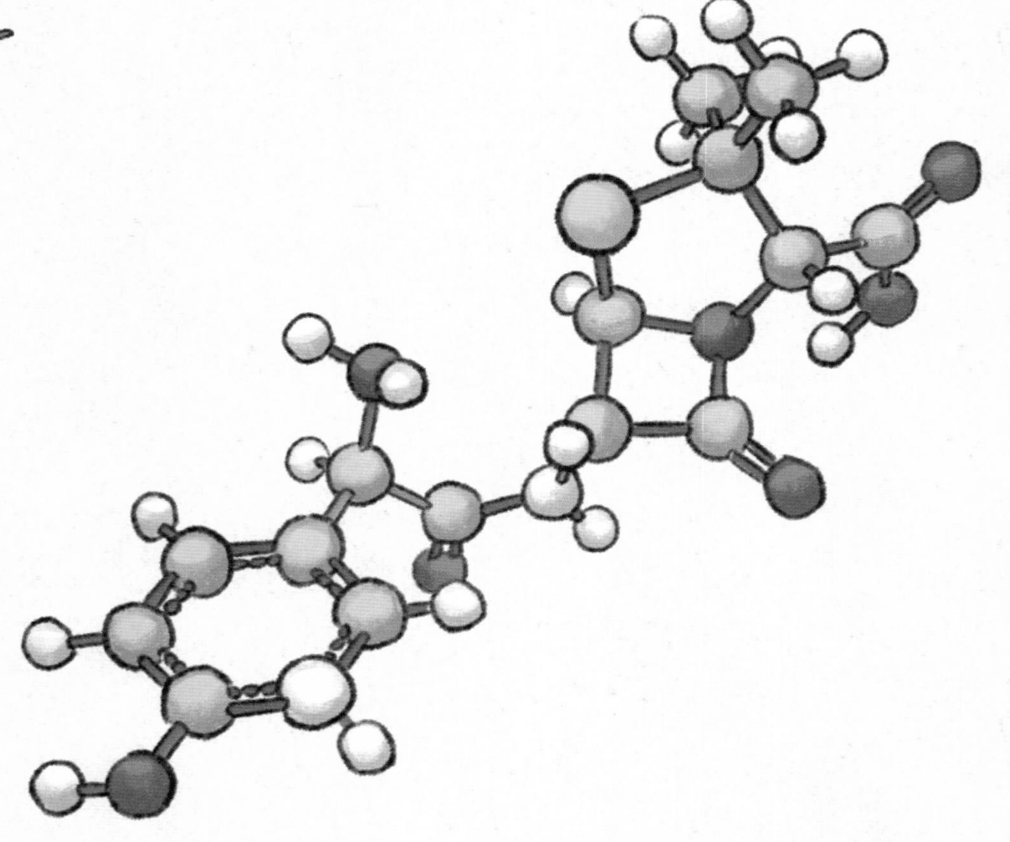

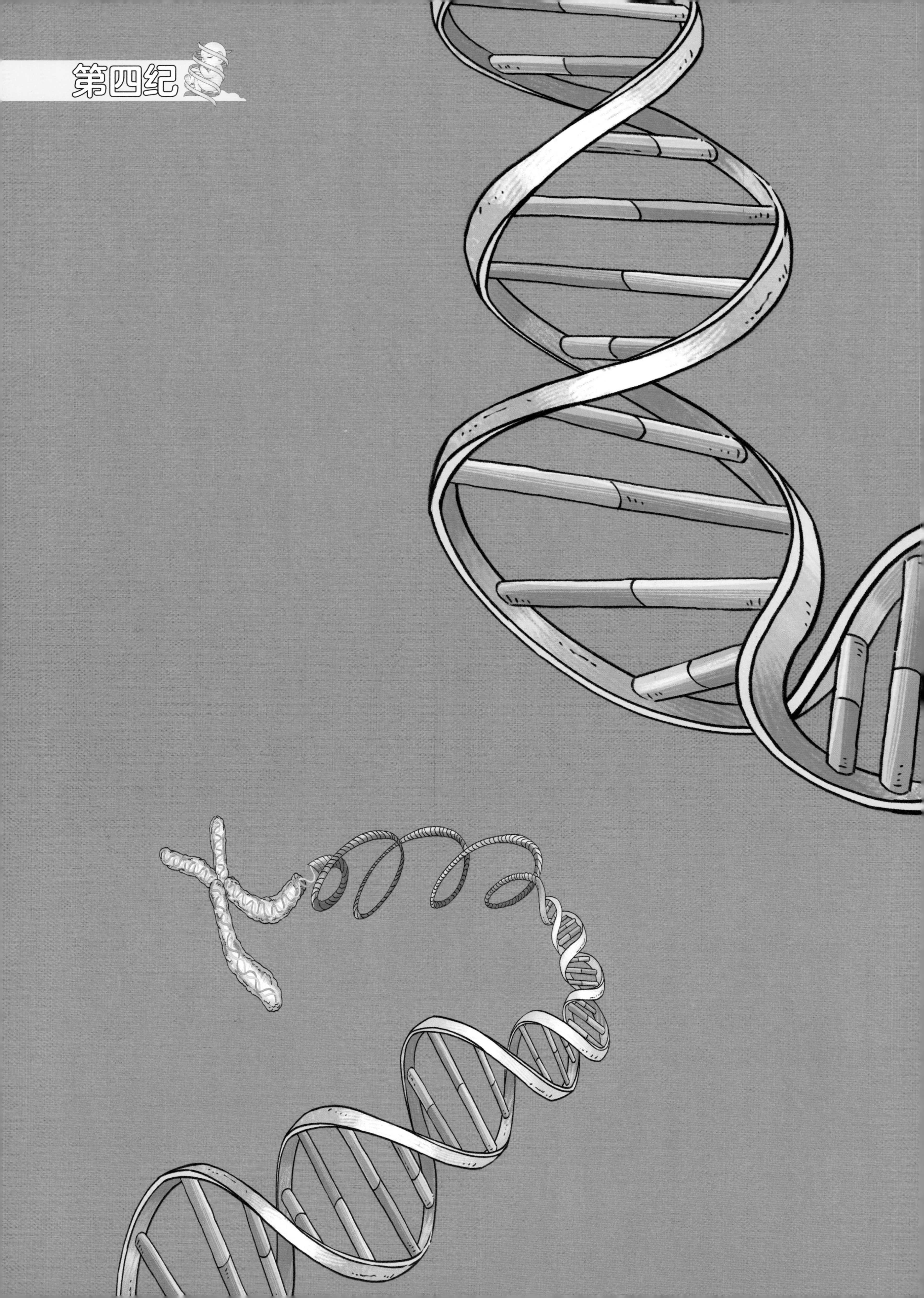
第四纪

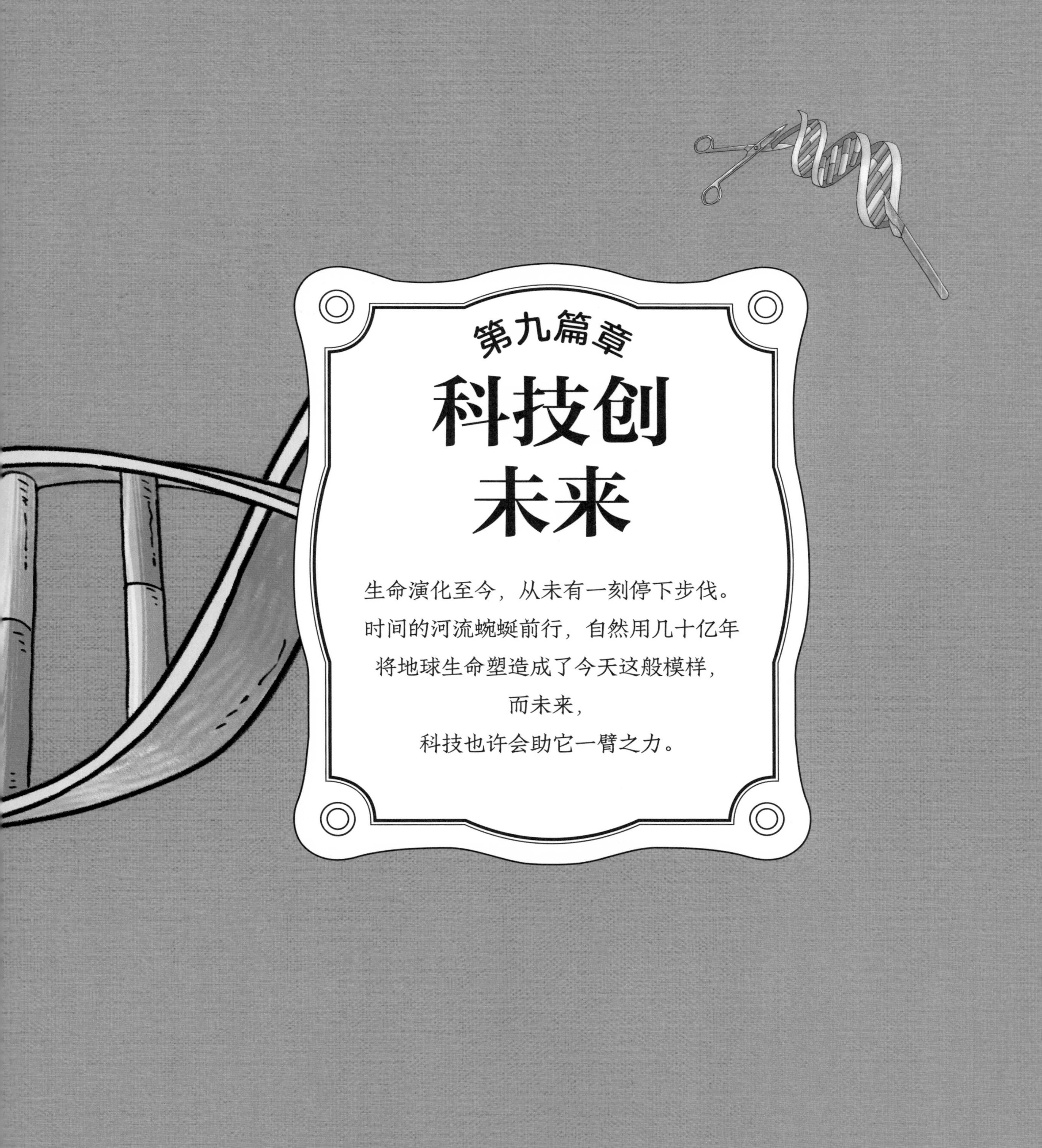

第九篇章

科技创未来

生命演化至今，从未有一刻停下步伐。
时间的河流蜿蜒前行，自然用几十亿年
将地球生命塑造成了今天这般模样，
而未来，
科技也许会助它一臂之力。

基因编辑改写生命？

半个世纪以前，当人类开始试图用基因编辑控制生命时，科技就注定会对生命产生影响。而在今天，基因编辑技术的发展正在不断印证这一事实。

什么是基因编辑？

基因编辑是对目标基因进行删除、替换、插入等操作，以获得新的功能或性状，甚至创造新的物种。如果把基因比作电脑文档，编辑基因就像编辑电脑文档一样：首先将光标定位到指定位置（目标基因），然后根据特定目的对文档（基因）进行编辑，或插入新的内容，或删除、替换原有内容。如何精准定位目标基因是基因编辑技术的难点之一。法国女科学家埃玛纽埃勒·沙尔庞捷和美国女科学家珍妮弗·道德纳因发现了基因技术中最犀利的工具之一，即“CRISPR/Cas9 基因编辑技术”，荣获 2020 年诺贝尔化学奖。

基因编辑的应用

治疗疾病

随着生命科学的发展，科学家发现很多疾病都是基因导致的。通过基因编辑解决基因上的问题，就有可能帮助患者恢复健康。目前基因治疗有体外和体内两种途径。比如，基因编辑技术可以用于肿瘤的免疫治疗。科学家可以对肿瘤患者的免疫细胞进行基因编辑，提高它们对肿瘤细胞的识别、杀伤能力，再将经过基因编辑的免疫细胞注射回患者体内，这些细胞便会自发清除体内的肿瘤细胞。我们可以把免疫细胞看作人体内的警察，对它们进行基因编辑，就是告诉它们在身体内兴风作浪的坏分子是谁，当它们回到自己的岗位上后，就会根据指令履行自己的职责，消灭那些坏分子。2023 年 11 月，首个 CRISPR/Cas9 基因编辑疗法获批，这种技术可以用于治疗地中海贫血症。

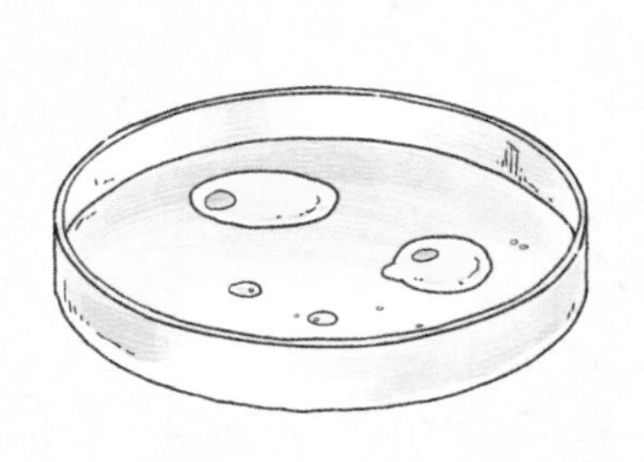

从患者体内取出细胞

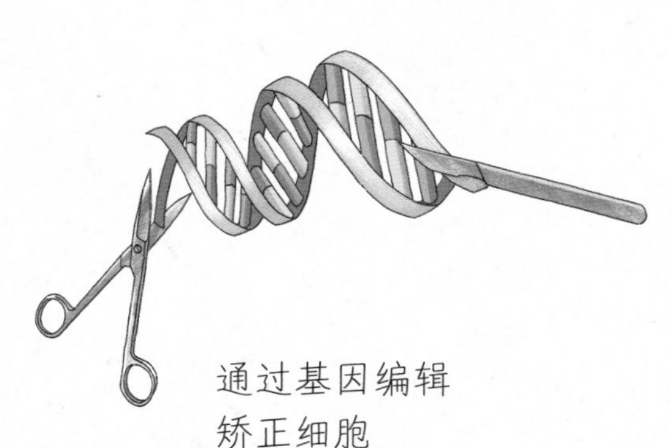

通过基因编辑矫正细胞

将矫正后的细胞移植回患者体内，它们会自发清除肿瘤细胞

培育新品种

目前，科学家已经利用相关技术培育出了水稻新品种——富含花青素的紫晶米和富含虾青素的赤晶米。花青素和虾青素都是对人体有益的成分，但是花青素一般存在于谷物外层的种皮中，虾青素多由细菌和藻类等产生。我们平时吃的大米是水稻种子的胚乳部分，很少含有这两种成分。科学家充分利用基因编辑技术，通过导入相关基因，培育出了营养价值很高的紫晶米和赤晶米。

紫晶米

赤晶米

生命也能合成？

掌握了基因编辑技术，生物学家们有了更远大的目标——合成基因组、合成生命！2010年，美国科学家克雷格·文特尔将一个支原体（一种原核生物）的内部挖空，注入了人工合成的支原体DNA，创造了人类历史上首个人造生命，真正打响了合成生命的“第一枪”。随着合成生物学的飞速发展，目前中国的科学家通过无机催化剂和酶的共同作用，实现了二氧化碳到淀粉的从头合成。此外，在2023年11月的时候，六国超百名研究人员宣布人造酵母基因组染色体合成全部完成，这表明人类首次完整设计了真核细胞的全部基因组。

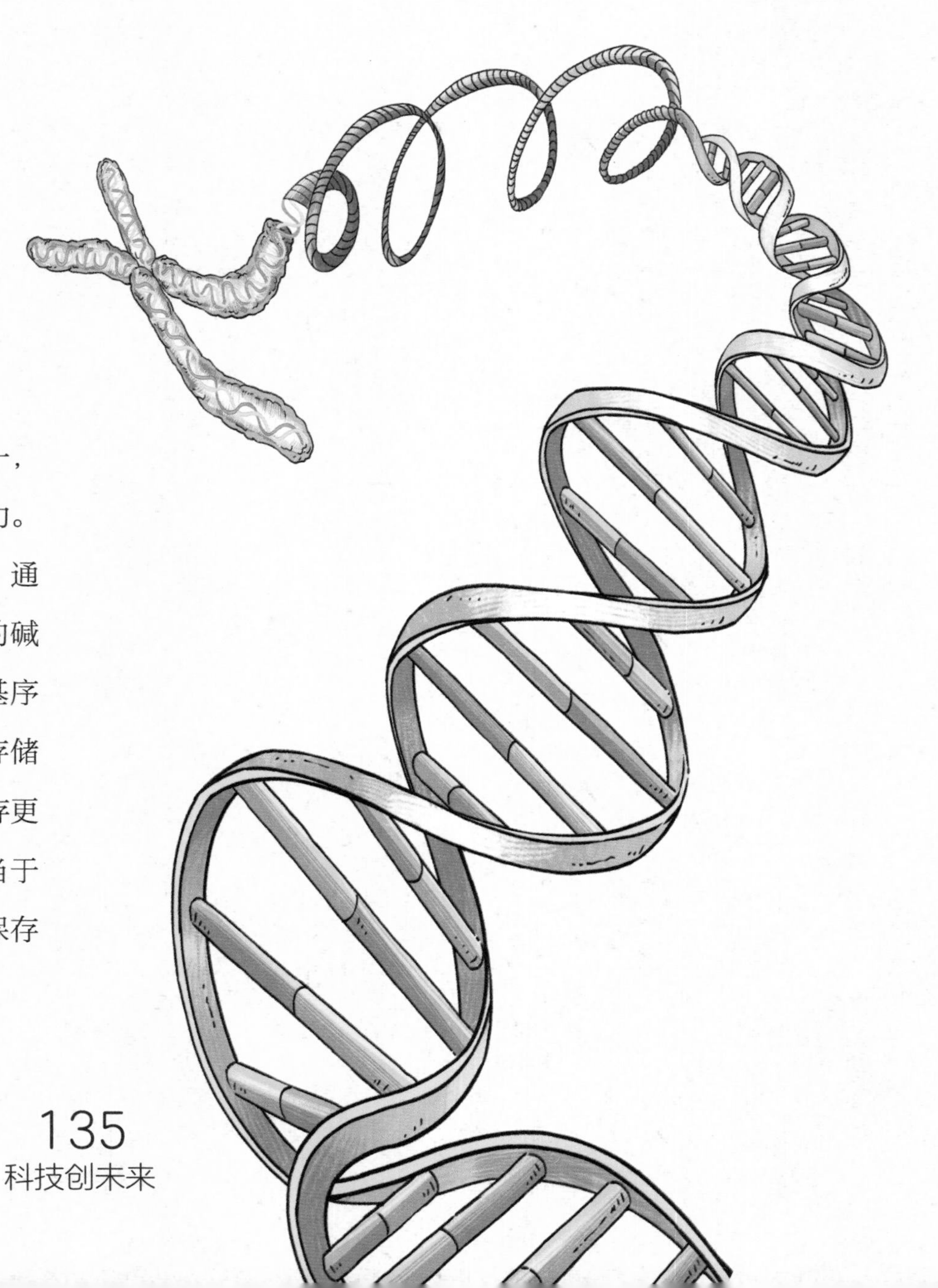

DNA“变身”移动硬盘

设计和构建生命是合成生物学的应用方向之一，除此之外，科学家还在为研发DNA存储技术而努力。DNA存储是把DNA当作硬盘，存储或加密信息。通过技术将图片、声音、文字等信息记录在DNA的碱基对上，需要时再通过特定的仪器对DNA的碱基序列进行读取，转换成平时使用的数据。与现有的存储媒介相比，DNA存储不仅容量超大，而且可以保存更长时间。1毫升的DNA溶液可以存储的数据相当于2000多个2TB移动硬盘的容量，这些数据可以保存上千年甚至更久。

克隆：让远古生物复活的“魔法”

地球上曾经存在过亿万种生命，但大多数早已淹没在时间的河流中。通过深埋地下的各种化石，我们方能窥见那一段段生机勃勃的历史。克隆——这项让远古生物复活的“魔法”，给了我们重现那些生命的希望。

什么是克隆？

在大自然中，“克隆”并不罕见：细菌通过分裂繁殖后代是“克隆”，人们通过扦插培植植物也是“克隆”。但是克隆技术并不像大自然中的这些“克隆”那么简单。它是一种利用生物体的细胞进行无性繁殖的技术——利用细胞中的DNA组织进行“复制”，最终诞生一个与原生物体完全一样的生物体。

有性繁殖与无性繁殖

生物的繁殖方式有两种，一种是有性繁殖，一种是无性繁殖。有性繁殖需要生物雄性和雌性双方分别提供精细胞和卵细胞，两种细胞结合后形成受精卵，由受精卵发育成下一代。无性繁殖则不需要这个过程，生物可以直接产生下一代，比如，细菌通过分裂繁殖下一代就是无性繁殖。

利用克隆技术复活远古生物总共分几步?

第 1 步

找到没有被污染的远古生物的活细胞，提取包含着基因的细胞核。如果没有完好的细胞核，科学家需要根据提取到的基因片段重组出完整的基因。这是复活远古生物最重要的原材料，没有它，科学家就会面临“巧妇难为无米之炊”的困境。

第 2 步

选择与远古生物亲缘关系较近的雌性动物，从它的身上采集未受精的卵细胞，并将卵细胞中的细胞核移除。

第 3 步

将远古生物细胞的细胞核放入移除了细胞核的卵细胞中，让其像受精卵一样发育。

第 4 步

将发育到一定阶段的胚胎移植到雌性动物的子宫中，为它找一个“妈妈”。

第 5 步

胚胎发育成熟，顺利降生，远古生物被成功复活!

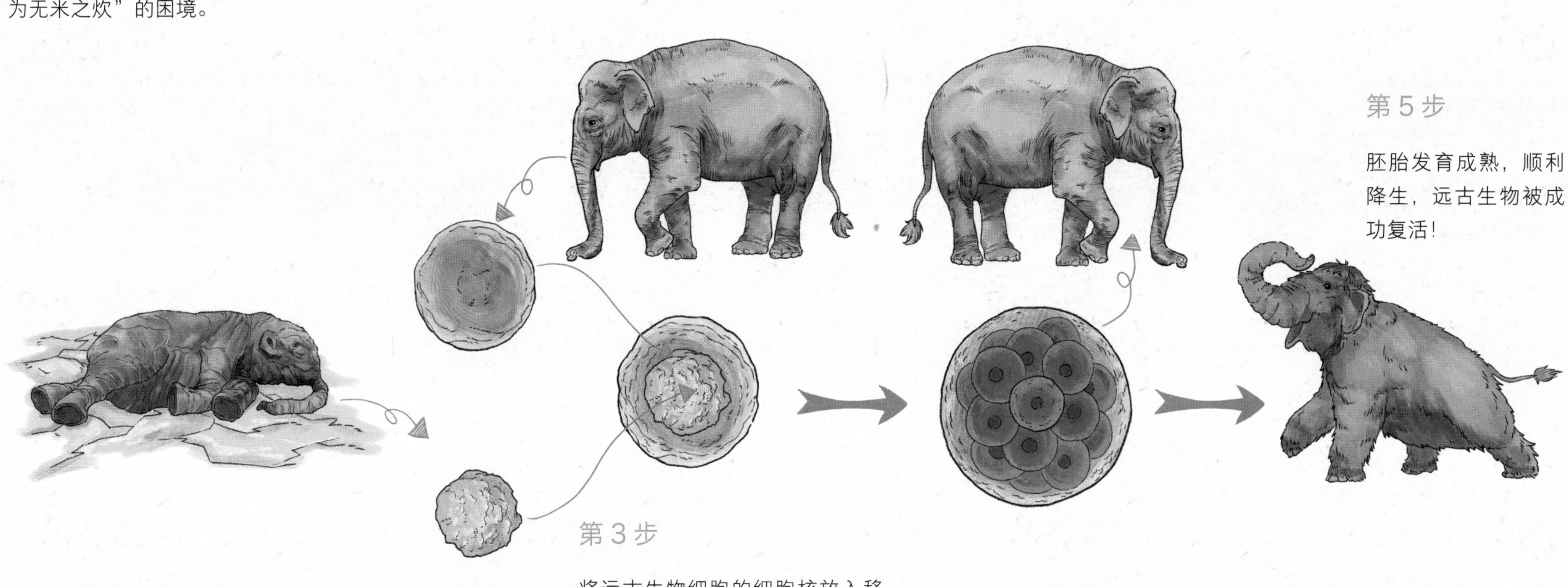

可能"复活"的远古生物

恐龙

作为远古生物中的"明星动物"，恐龙的复活是无数人翘首以盼的事情。但是利用现在的克隆技术复活恐龙几乎是不可能的。恐龙早在几千万前就已经灭绝，DNA 无法保存至今，只有技术，没有原材料，科学家也束手无策。

出现时间	约 2.34 亿年前
地质年代	三叠纪中期
基因组大小	未知
体型大小	体长几十厘米至几十米不等

剑齿虎

剑齿虎是曾经雄极一时的森林霸主。现在科学家已经发现了保存完好的剑齿虎样本，如果能够从中提取到完整的 DNA，剑齿虎就有可能被复活。

出现时间	约 1300 万年前
地质年代	新近纪中期
基因组大小	未知
体型大小	肩高约 1.2 米

猛犸象

在灭绝之前，猛犸象生活在寒冷的北极圈，极地的特殊气候使它们的部分身体组织被保存下来，这为它们的复活提供了可能。目前科学家在复活猛犸象的道路上已经迈出了一大步，他们培育出了猛犸象的胚胎细胞，下一步如能找到合适的代孕母体或者发展人造子宫技术，猛犸象就有机会再次在生命史上惊艳亮相。

出现时间	约 480 万年前
地质年代	新近纪晚期
基因组大小	3300Mb
体型大小	体长约 5 米

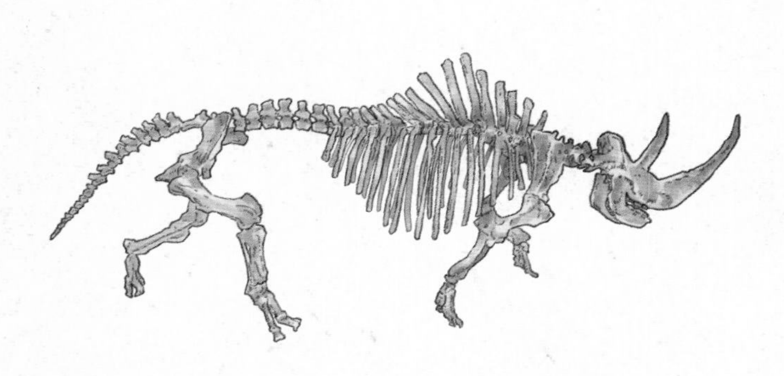

披毛犀

披毛犀是一种 370 多万年前生活在欧亚大陆的犀牛，已经灭绝。但是它们和猛犸象一样，有不少样本被深埋在冻土层中，因此科学家有机会提取到大量 DNA，利用克隆技术，使它们重新回到这个世界。

出现时间	约 370 万年前
地质年代	新近纪晚期
基因组大小	未知
体型大小	体长约 3.5 米

中枢神经的再生之梦

人类是地球上最复杂的生物，人体就像一个微型的世界，在我们看不到的地方，各个系统默契配合，维持着身体的正常运转。神经系统是这个世界中的司令部，而坐镇这个司令部的是中枢神经。没有了中枢神经，人体世界就会陷入瘫痪。它是如此重要，人们曾经一度以为它是不可再生的，而事实果真如此吗？

什么是中枢神经？

中枢神经主要由脑和脊髓两部分组成，负责接收来自身体各处的信息，并对这些信息进行整合，在此基础上做出判断，对身体发出各种指令。人类的学习、记忆、思维活动等都离不开中枢神经。

脑的结构

脑由端脑、间脑、脑干、小脑等组成，负责接收信息和发出指令。

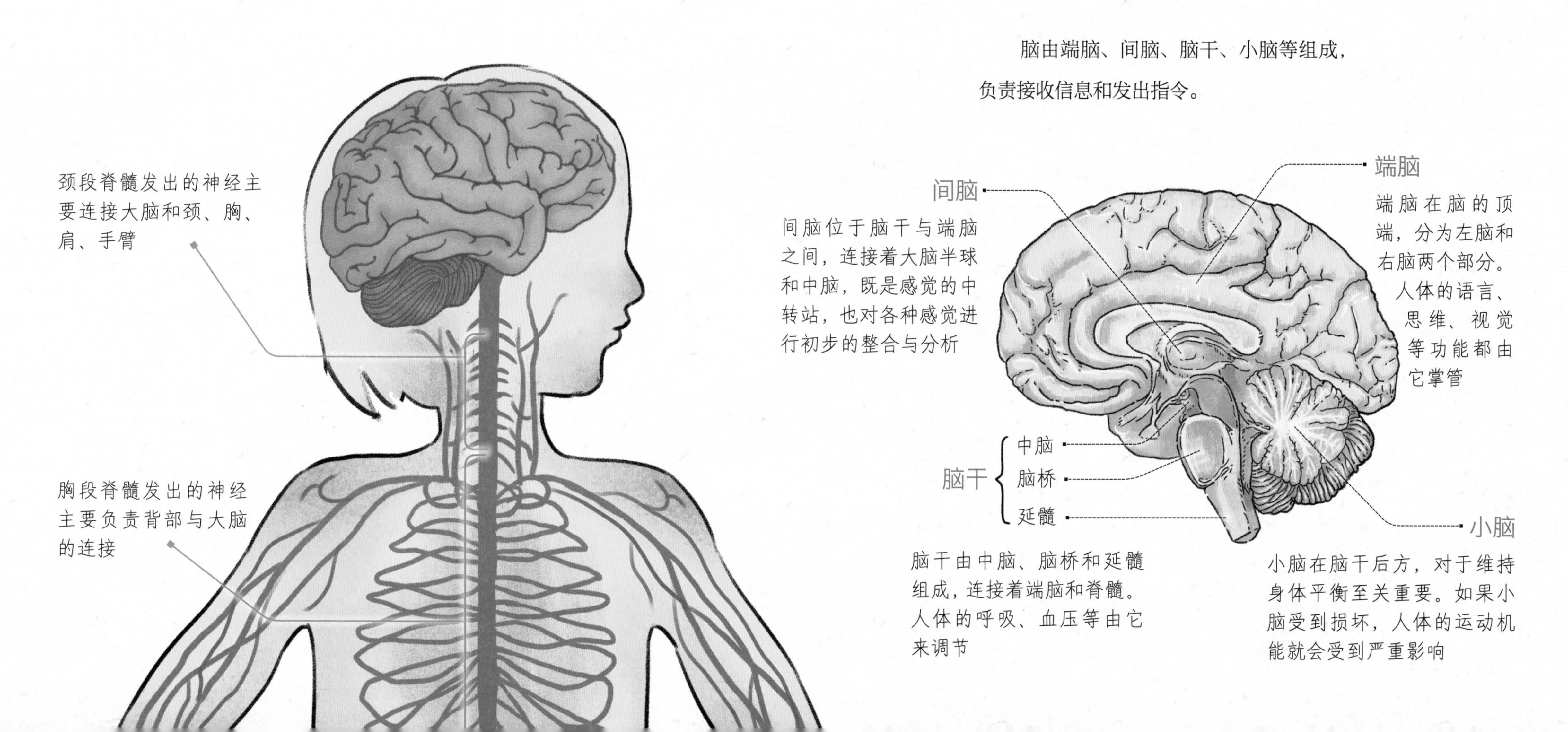

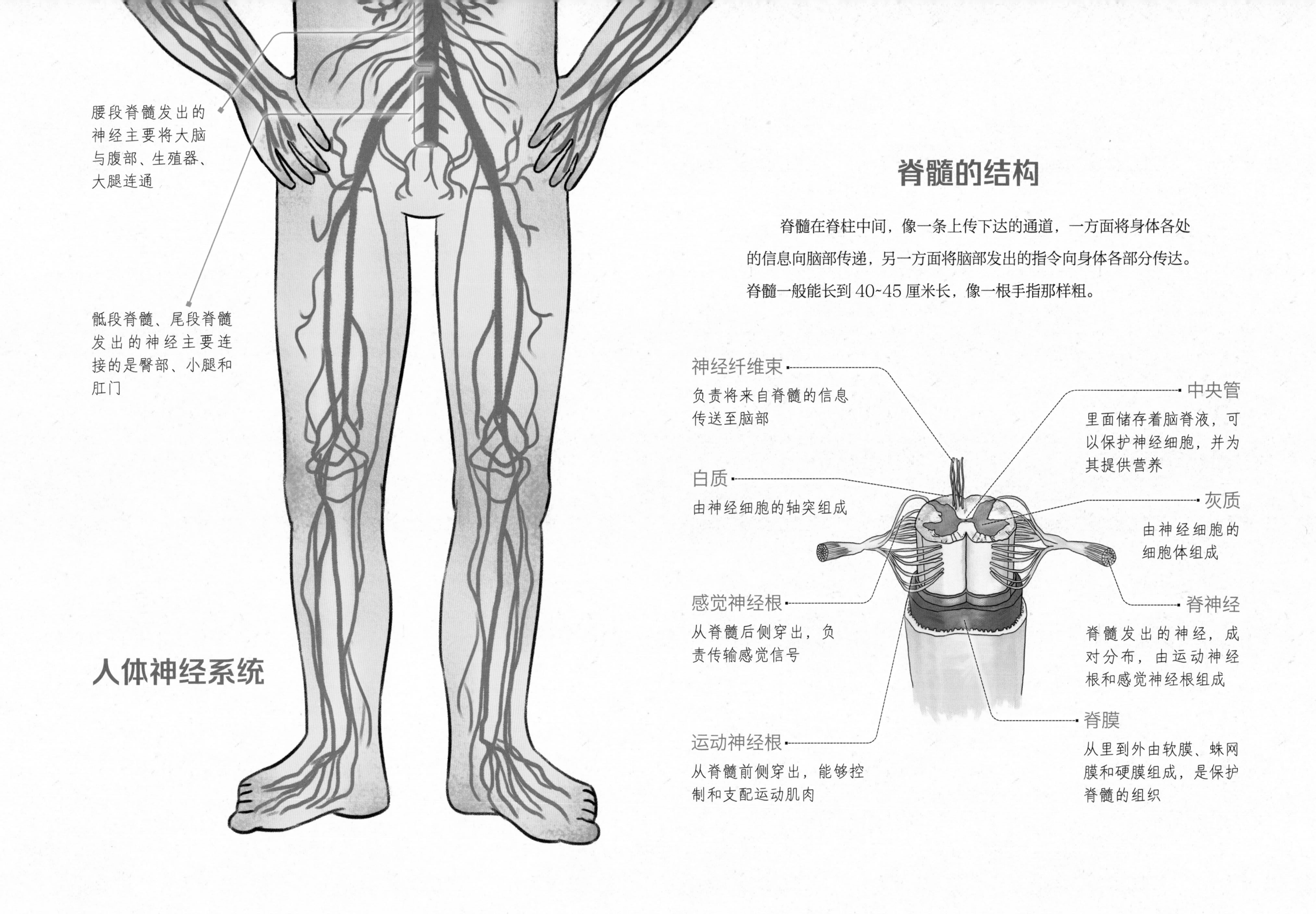

脊髓的结构

脊髓在脊柱中间，像一条上传下达的通道，一方面将身体各处的信息向脑部传递，另一方面将脑部发出的指令向身体各部分传达。

脊髓一般能长到 40~45 厘米长，像一根手指那样粗。

中枢神经系统的信息传递

外界信息被感觉器官转化为神经冲动，通过一系列的过程，最终传入大脑，之后大脑产生的大量传出信息和运动信息通过相反的路径到达相应的机体组织。

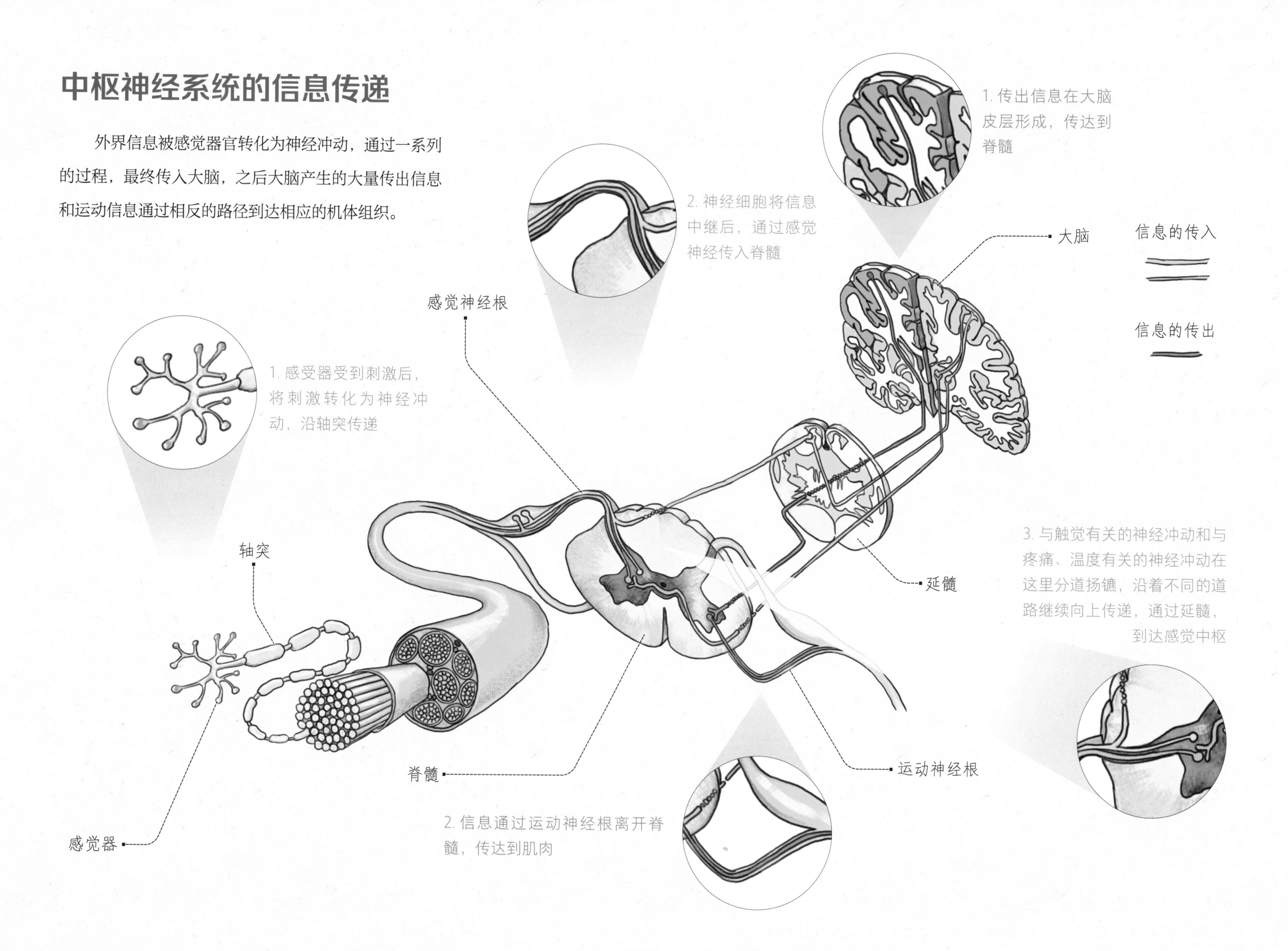

中枢神经再生有可能吗?

细胞一般是具有再生能力的，可以不断分化更新，但是中枢神经系统中的神经细胞是一类非常成熟的细胞，无法再进行分裂，所以人们曾经以为中枢神经是不可再生的。不过，随着科学的进步，人们发现了神经干细胞。

干细胞是一种非常神奇的细胞，具有再生各种组织器官的潜在功能，有“万能细胞”之称，是修复人体的最佳原材料。神经干细胞能在特定的条件下分化为相应的功能细胞，修复损伤的中枢神经系统。有了它，中枢神经的再生就有了可能。

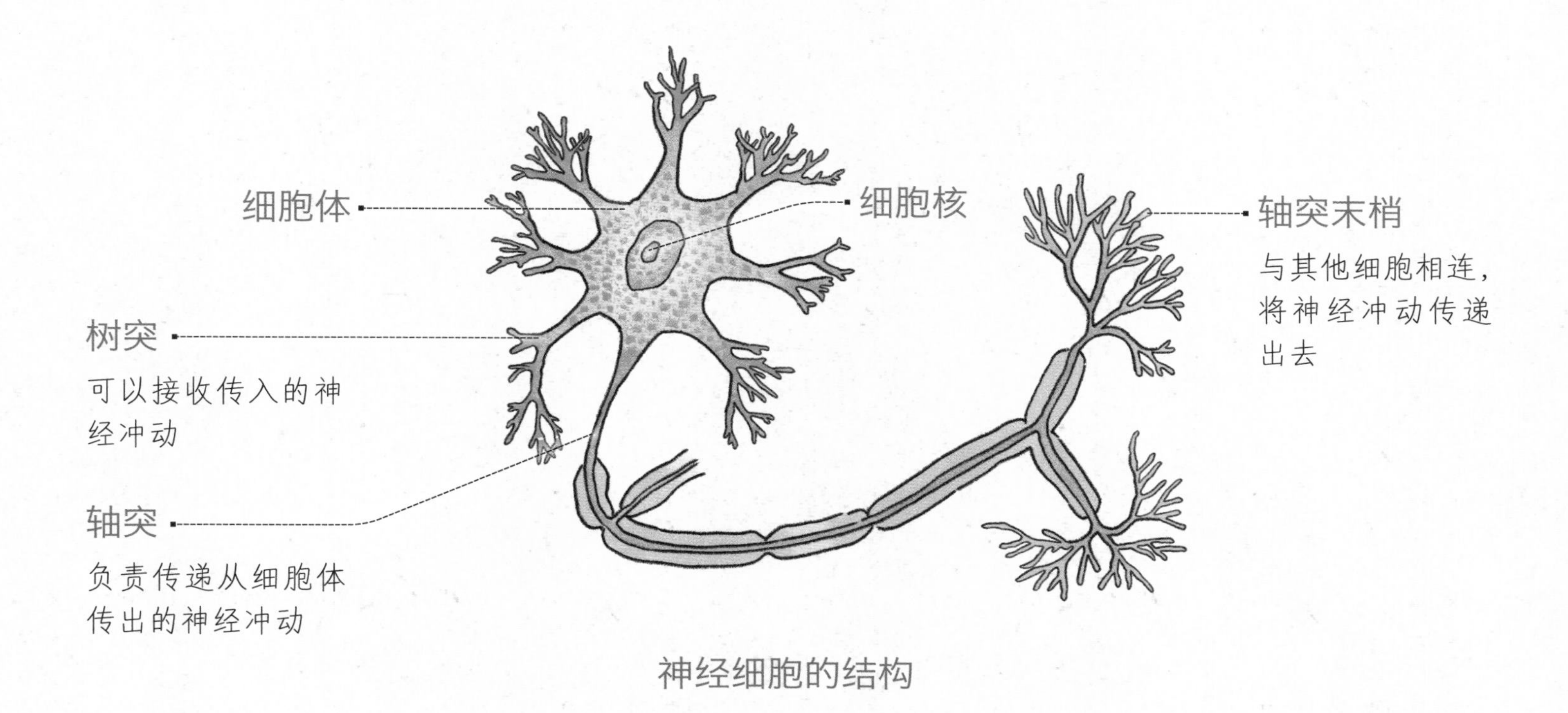

神经细胞的结构

如果中枢神经可以再生

科学家已经对神经干细胞做了很多研究，研究结果表明，利用神经干细胞替代和重建神经回路是有可能的，而可以促进神经恢复的脑机接口也取得了很大进展，因为中枢神经受损而产生的阿尔茨海默病、帕金森综合征等疾病都有可能被治愈，无数人将有希望恢复健康。这条路并不是一帆风顺的，目前利用神经干细胞进行大脑修复治疗还有很大的风险，不过相信在科学家的努力下，这一天终将到来。

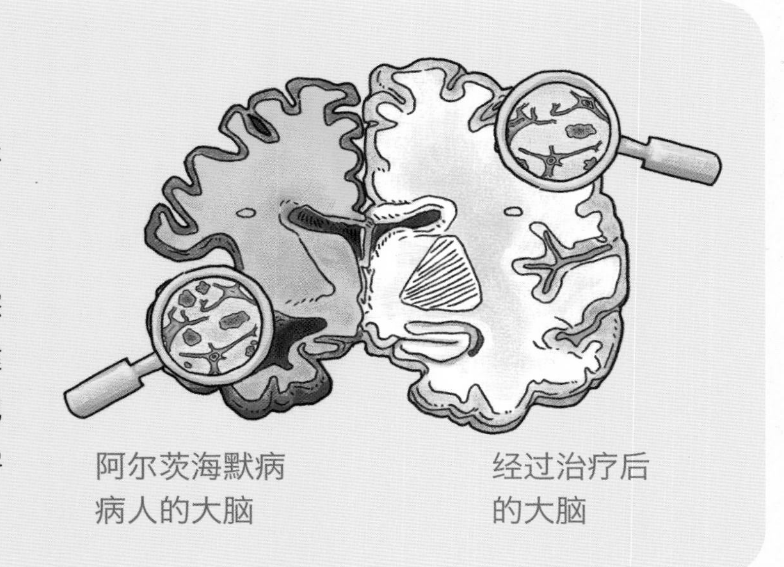

阿尔茨海默病病人的大脑

经过治疗后的大脑

给生命做一个备份

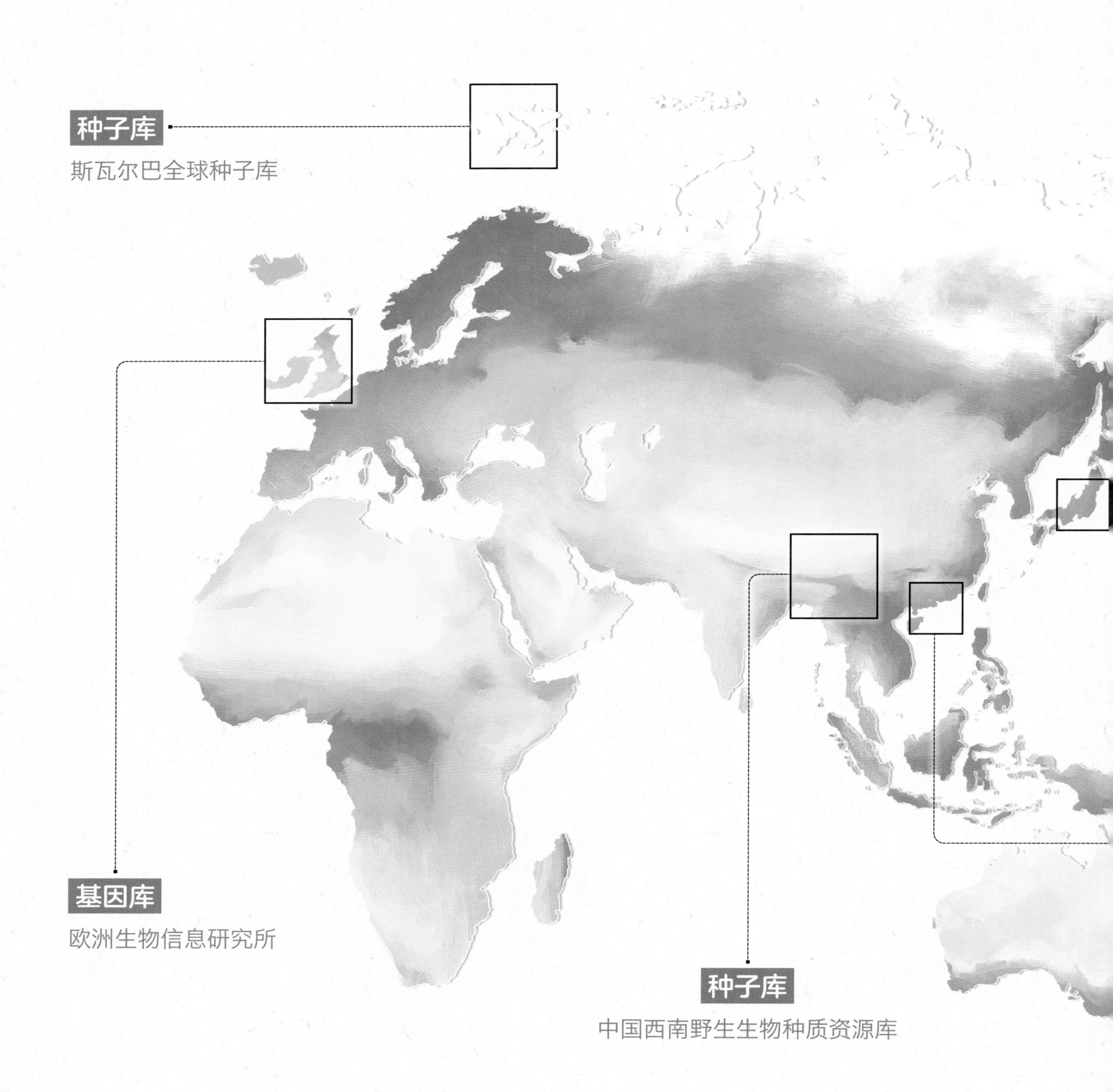

生命在不断更替，随着时间的演进，无数物种在我们的星球上出现又消失。据统计，全世界每天有 75 个物种走向灭绝，平均每个小时就有 3~4 个物种永远消失。为了保存资源，人类开启了“生命备份”计划，从种子到基因，从植物到动物，各种种子库、基因库承担起了这一伟大的使命。

什么是种子库？

种子库是一种储存植物种子的场所。种子是有花植物重要的繁殖体。为了应对全球的变化，保护生物多样性，种子库通过干燥和冷冻技术对种子进行长期存储，同时为资源利用和科学研究提供材料。

种子库——中国西南野生生物种质资源库
(The Germplasm Bank of Wild Species)

中国西南野生生物种质资源库位于中国昆明，建成于2007年。它是亚洲最大的野生生物种质资源库，具备强大的野生植物种质资源保藏与研发能力，现在保存着超过1万种我国本土野生植物的种子，总数超过8万份。

种子库——斯瓦尔巴全球种子库
(Svalbard Global Seed Vault)

在距离北极点1000千米的挪威斯瓦尔巴群岛山洞中，有一座全球最大、最安全的种子库，收藏着来自世界各地几千种农作物的种子，总量数以亿计。这座仓库的墙有1米厚，装有5道防爆门，仓库内一直保持-18℃的低温，其中的种子能够保存上千年甚至上万年。因此，这座种子库被称为“世界末日种子库”“末日粮仓”，有“植物诺亚方舟”之誉。

什么是基因库？

地球上的动植物资源丰富，但种子库能保存的资源极为有限。随着科学的进步，基因库应运而生。基因库储存的是生物的遗传信息，有了这个，即便生物已经灭绝，人们也能在科技的帮助下让它们“复活”。目前全世界共有4座国家级基因库。

基因库——欧洲生物信息研究所
(European Bioinformatics Institute)

欧洲生物信息研究所成立于1994年，拥有许多特色数据库，如核酸序列数据库、基因组数据库。

基因库——美国国立生物技术信息中心

（National Center for Biotechnology Information）

美国国立生物技术信息中心由美国国立卫生研究院于1988年创办，是美国国立医学图书馆的一部分，不仅建有DNA序列数据库，还提供众多功能强大的数据检索与分析工具。

基因库——日本DNA数据库

（DNA Data Bank of Japan）

日本DNA数据库由日本国立遗传学研究所于1984年创建，与美国国立生物技术信息中心、欧洲生物信息研究所共同组成国际DNA数据库，以先进的超级计算机系统为依托，主要收集DNA序列信息并赋予其数据存取号。

基因库——深圳国家基因库

(China National GeneBank)

深圳国家基因库落成于2016年，位于中国深圳，建立在山脚下，造型酷似巨大的梯田，是目前世界上最大的基因库。它是一座综合型基因库，包括生物样本资源库、生物信息数据库和动植物资源活体库，还搭建了数字化平台、合成与编辑平台，在“读取”基因和“编写”基因方面领先全球。

太空基因库

将人类与动植物的DNA样本装进特制的基因容器中发射到太空，是人类目前为了保证地球生命的延续而采取的最先进的手段。建立太空基因库，将地球生命的备份储存在太空中，这样即便地球不复存在，地球生命的火种依然有机会延续下去。

米莱童书

米莱童书是由国内多位资深童书编辑、插画家组成的原创童书研发平台。旗下作品曾获得 2019 年度“中国好书”，2019、2020 年度“桂冠童书”等荣誉；创作内容多次入选“原动力”中国原创动漫出版扶持计划。作为中国新闻出版业科技与标准重点实验室（跨领域综合方向）授牌的中国青少年科普内容研发与推广基地，米莱童书一贯致力于对传统童书进行内容与形式的升级迭代，开发一流原创童书作品，适应当代中国家庭更高的阅读与学习需求。

创作编辑 孙运萍

绘 画 组 露可一夏美术工作室 王运来 王啸

美术设计 刘雅宁 张立佳

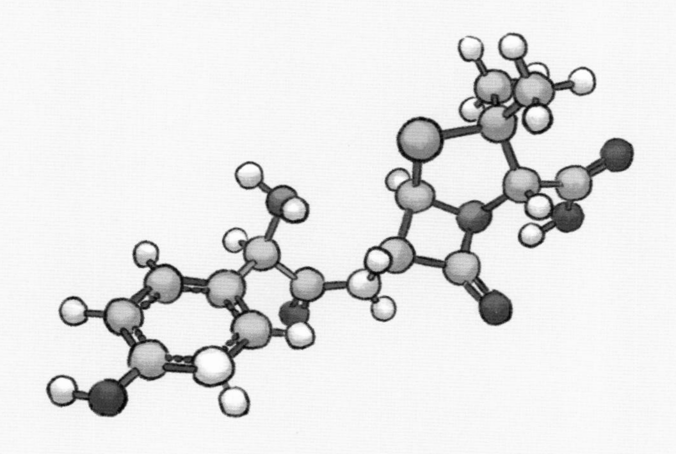

图书在版编目(CIP)数据

大演化：38亿年地球生命奇迹 / 尹烨著；米莱童书编绘. -- 北京：北京理工大学出版社, 2024.6
（生而荣耀）
ISBN 978-7-5763-3569-9

Ⅰ. ①大… Ⅱ. ①尹… ②米… Ⅲ. ①生命科学－少儿读物 Ⅳ. ①Q1-0

中国国家版本馆CIP数据核字(2024)第045671号

责任编辑：张萌 李慧智 **文案编辑**：李慧智
责任校对：王雅静 **责任印制**：王美丽

出版发行 / 北京理工大学出版社有限责任公司
社 址 / 北京市丰台区四合庄路 6 号
邮 编 / 100070
电 话 / （010）82563891（童书售后服务热线）
网 址 / http：//www. bitpress. com. cn

版 印 次 / 2024 年 6 月第 1 版第 1 次印刷
印 刷 / 北京尚唐印刷包装有限公司
开 本 / 787 mm × 1092 mm 1/8
印 张 / 19
字 数 / 300 千字
定 价 / 168. 00 元
审 图 号 / 京审字（2023）G第2634号